JN450766

조선시대의 산학총서

구수략 (건)

(九數略 乾)

완산 최석정(完山 崔錫鼎) 지음

정해남 · 허민 옮김

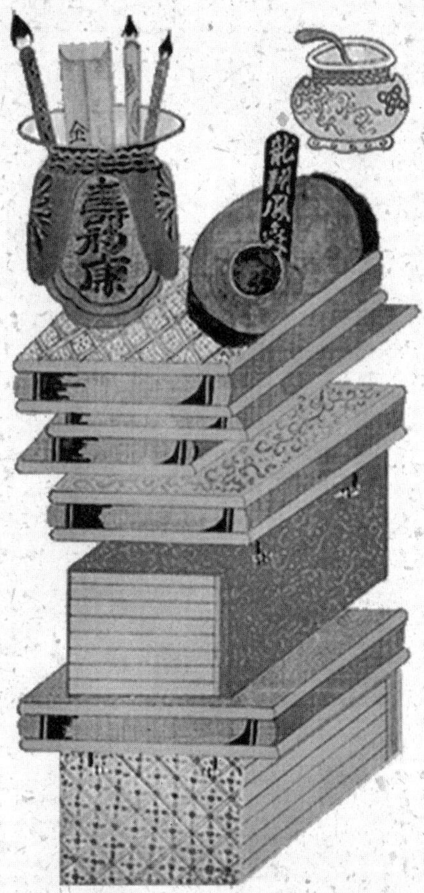

教友社

조선 시대의 산학서를 내면서

한국수학사학회에서는 한국학술진흥재단이 지원한 2002년도 기초학문육성지원사업(인문사회분야 국학고전연구)의 일환으로 연구 과제 《조선 시대의 산학서 번역》을 수행했다. 이의 목적은 다음과 같다.

(1) **한국 수학사 연구의 기초 마련** 우리의 전통 수학을 체계적으로 번역하고 현대적인 관점에서 해석한 결과물을 제시함으로써, 이에 대한 연구를 자극하는 촉진제와 연구의 기초를 마련한다.

(2) **고전에 대한 접근 용이성 및 자료 보급** 고전 문헌을 현대어로 번역함으로써, 많은 사람들에게 우리의 전통 수학을 접할 수 있는 기회를 제공한다.

이를 위해 다음과 같은 10종의 산학서를 선택하여 번역했다.

『默思集算法』	천 · 지 · 인 3권
『九數略』	건 · 곤 2권
『九一集』	천 · 지 · 인 3권
『算學入門』(『이수신편』 21 · 22권)	2권
『算學本源』(『이수신편』 23권)	1권
『算術管見』	1권
『借根方蒙求』	건 · 곤 1권
『翼算』	상 · 하편 2권
『測量圖解』	1권
『劉氏句股述要圖解』	1권

한국수학사학회 회장

역자 서문

『구수략(九數略)』은 1700년(숙종 26)에 조선 후기의 문신 최석정(崔錫鼎, 1646~1715)이 지은 목판본의 책으로 연세대학교 도서관에 소장되어 있다. 이 책의 제목에서 '구수'는 주나라 사대부 자제들에게 가르쳤다는 '육예(六藝)'에서 유래한 것으로 볼 수 있는데, '육예'는 오예(五禮)·육악(六樂)·오사(五射)·오어(五御)·육서(六書)·구수(九數)로 구성되어 있다. 여기서 구수는 방전·속미·차분(쇠분)·소광·상공·균수·방정·영부족·구고로 『구장산술(九章算術)』의 내용과 일치한다. 따라서 최석정의 『구수략』은 『주역』의 사상(四象) 이론을 토대로 『구장산술』의 '구수'의 원리를 밝힌 책으로 볼 수 있다.

『구수략』은 건과 곤 2권으로 구성되어 있는데, 건은 갑과 을, 곤은 병과 정 4편으로 이루어져 있다. 본편인 갑, 을, 병의 내용은 수원(數源), 수명(數名), 수위(數位), 수상(數象), 수기(數器), 수법(數法)이고, 부록인 정의 내용은 문산(文算), 주산(珠算), 주산(籌算), 하락변수(河洛變數)다.

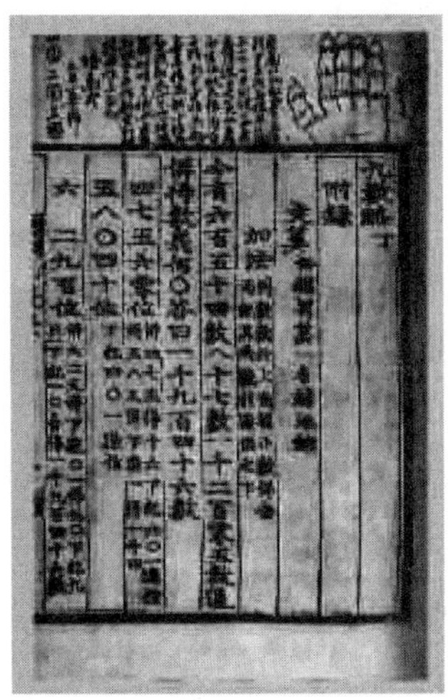

저자 최석정은 조선 중기 학자로 자는 여시(汝時)·여화(汝和)이고, 호는 존와(存窩)·명곡(明谷)이다. 1671년(현종 12)에 문과에 급제하여 승정원 동부승지, 홍문관 대제학, 한성 판윤, 이조 판서 등을 거쳐 1697년(숙종 23) 우의정에 올라 주청사로 청(淸)나라에 다녀왔다. 한편 1701년 영의정으로 왕세자 보호를 위해 생모인 희빈 장씨(張氏) 처형에 반대하여 유배되기도 하고, 노론·소론의 당쟁에서 소론의 영수로 많은 파란을 겪었으나 여러 차례 영의정에 올랐다. 성품은 외유내강하였으며, 의리·명분에 집착하지 않고 정치적 폐단과 붕당을 없애려고 힘썼다. 또한 양명학을 발전시키고 글씨·문장에 뛰어났다. 저서에 『예기유편(禮記類篇)』, 『명곡집(明谷集)』, 『경세정운도설(經世正韻圖說)』 등이 있다.

『구수략』 건의 내용

『구수략』 건은 갑과 을 2편으로 이루어져 있다. 이 중에서 갑편은 수원(數原), 수명(數名), 수위(數位), 수상(數象), 수기(數器), 수법(數法)으로 구성되어 있다.

수원은 수의 근본으로 하도(河圖)·낙서(洛書)의 수를 설명하고 있다. 수명에서는 길이(度), 들이(量), 무게(衡)의 기본 단위의 명칭 및 대수와 소수의 명칭을 설명하고 있다. 수위에서는 소수, 정수, 대수와 길이, 들이, 무게의 자리 개념을 예를 들어 설명하고 있다. 수상에서는 산대를 놓는 방법에 대해 설명하고 있고, 수기에서는 산대의 모양을 기술하고 율, 도, 량, 형을 수의 기로 제시한다.

수법은 수의 쓰임으로 통론사법, 통론팔법, 승제원류, 지분약법, 통론사상을 포함하고 있는데, 이 중에서 통론사상은 을편과 병편에 해당되고 나머지는 갑편에 해당된다. 통론사법은 수 사실(number fact)로 덧셈구구, 뺄셈구구, 곱셈구구, 나눗셈구구를 설명한다. 통론팔법은 곱셈과 나눗셈의 다양한 알고리즘에 대해 예를 들어 설명하고 있는데, 정수이법에서는 보승과 상제로 기본적인 곱셈과 나눗셈을 다루고, 변수 육법에서는 보승이 변형된 인법, 가법, 승법을, 상제가 변형된 귀법, 감법, 가법을 설명하고 있다. 승제원류는 곱셈과 나눗셈의 기원이 덧셈과 뺄셈임을 설명하고 있다. 지분약법은 분수를 나타내는 방법과 분수의 사칙연산에 대해 설명하고 있다.

을편은 먼저 사상(四象)에서 태양을 덧셈, 태음을 뺄셈, 소양을 곱셈, 소음을 나눗셈에 대응시킨 다음, 사상을 토대로 『구장산술』을 새롭게 해석하겠다고 천명하고 있다. 사상정수 팔법에서 누가, 누감, 상승, 상제, 총승, 총제, 준승, 준제를 설명하고 있는데, 이것은 사상변수 팔법의 토대가 된다. 사상변수 사법에서 방승, 방제, 자모준승, 구고준제를 설명한다. 여기서 방승은 『구장산술』의 방전에 해당하고, 방제는 소광에 해당하며, 자모준승은 쇠분에 해당하고, 구고준제는 구고에 해당한다.

일러두기

1. 다음 책에 실린 『구수략』을 번역 대본으로 삼았다.

   김용운 편, 한국과학기술사자료대계 수학편 1, 여강출판사, 1985.

2. 역자 주는 각주와 ☞ 표시를 사용했고, ☞ 표시는 주로 문제 풀이 과정과 관련된다.

3. 원문의 잔주는 모두 작은 글씨로 괄호(…) 안에 넣어 표시했으며, 번역문도 동일하게 표시하였다.

4. 번역문에서 원문의 이해를 돕기 위해 필요한 말은 [⋯] 안에 넣기도 하였다.

5. 목록의 번호는 원문에 없는 것이나 독자의 편의를 위해 첨부하였다.

구수략 목록 九數略 目錄

부록 附錄

인용서적 引用書籍

주역 周易

모시 毛詩

상서 尙書

춘추좌씨전 春秋左氏傳

공양전 公羊傳

주례 周禮

예기 禮記

논어 論語

맹자 孟子

중용 中庸

대학 大學

이아 爾雅

이상 경서 以上經書

장자 莊子

순자 荀子

손자 孫子

회남자 淮南子

음부경 陰符經

법언 法言

이상 제자 以上諸子

사기 史記

한서 漢書

강목 綱目

이상 제사 以上諸史

문병	文迸		
소자전서	邵子全書		
주자대전	朱子大全		
역학계몽	易學啓蒙		
대학기문	大學幾問		

이상 제집 以上諸集

구장산경	九章算經		
칠정산	七政算[1])	원 곽수경 저	元郭守敬著
산학계몽	算學啓蒙	원 주세걸 저	元朱世傑著
산학통종	算學統宗	명 정대위 저	明程大位著
승제산	乘除算	[남송 양휘 저	南宋楊輝著][2])
적기산법	摘奇算法	[남송 양휘 저	南宋楊輝著]
전묘비류	田畝比類	[남송 양휘 저	南宋楊輝著]
천학초함	天學初函		

서사 마테오리치의 말을 받아 명의 이지조가 풀어씀 西士利瑪竇授明李之藻演

주산	籌算	서사 쟈크로 저	西士羅雅谷著
상명산법	詳明算法	[명 안지제 저	明安止齊著]
묵사집	嘿思集	동사 경선징 저	東士慶善徵著

이상 제서 以上諸書

1) 원문은 七改算이나 七政算으로 바로 잡았다.
2) [...] 안에 원문에 누락된 저자를 추가하였다.

구수락 갑

九數略 甲

완산 최석정 지음

完山 崔錫鼎 述

제 1장 수원 數原第一

수는 도에서 생긴다. 원은 수의 근본이다. 근본에서 시작함으로써 수를 낳기 때문이다. 만물은 반드시 근본이 있다. 그러므로 수원[수의 원]이 첫째다.

數生於道 原者數之本也 所以本始而生數者也 物必有本 故數原爲首

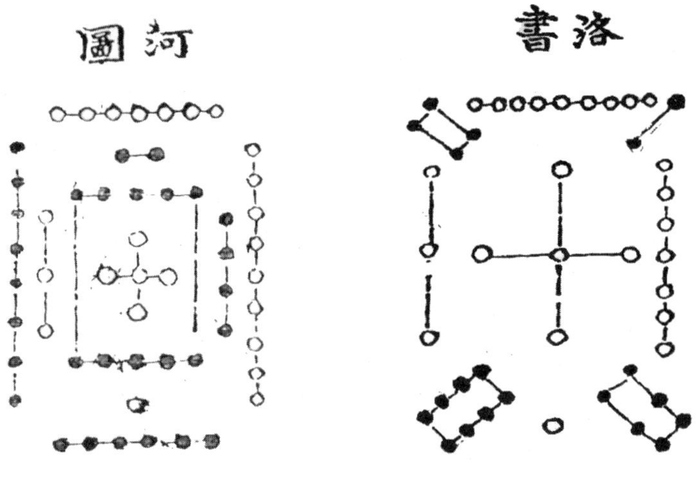

『역』[1] 「대전」[2]에서 말하길 하늘은 1, 땅은 2, 하늘은 3, 땅은 4, 하늘은 5, 땅은 6, 하늘은 7, 땅은 8, 하늘은 9, 땅은 10, 이것이 곧 하도[3]의 수

---

1) 『역』은 『주역』을 지칭한다. 『주역』은 서주(西周) 시대에 형성되었고, 시초의 변화로서 사물의 변역(變易)을 예측하는 것이어서, 후대 사람들이 '주역' 이라고 이름을 붙였다.

2) 일부 사람들이 『주역』을 전수하는 과정에서 첨가한 나름의 설명과 해석이 일정 기간 동안 쌓여 책으로 엮어졌다. 후대 사람들이 명확히 구분하기 위해 이것을 『역전易傳』 또는 『전』이라 하고, 원래의 『주역』을 『역경易經』이라 한다. 여기서 「대전」은 『역전』 중에 「계사전」을 지칭한다.

3) 중국 복희씨(伏著氏) 때 황하(黃河)에서 용마가 지고 나왔다는 55점의 그림을 '하도'라 하는데, 이것을 기본으로 하여 주역의 이치가 생겼다고 한다. '하도'는 처음에 옥벽(玉璧) 종류였으며, 또한 제왕(帝王)이 일어날 때의 상서로운 증표이기도 하였는데, 뒤에

다. 『상서』「홍범전」에서 말하길 처음에 1, 다음에는 2, 그 다음에는 3, 그 다음에는 4, 그 다음에는 5, 그 다음에는 6, 그 다음에는 7, 그 다음에는 8, 그 다음에는 9인데, 이것이 곧 낙서[4]의 수다. 하도는 체[5]가 되므로 1에서 시작해서 10에서 끝난다. 낙서는 용이 되므로 그 10은 버리고 9에서 마친다. 수의 대원이 이것에서 나온다. 소자가 말하길 대연수가 그 산법의 원리로다.

易大傳曰 天一地二天三地四天五地六天七地八天九地十 此卽河圖之數也 尚書洪範傳曰 初一次二次三次四次五次六次七次八次九 此卽洛書之數也 河圖爲體 故始於一而終於十 洛書爲用 故去其十而止於九 數之大原出於此 邵子曰 大衍之數其算法之原乎

공자가 말하길 "역에 태극이 있고 이것이 양의를 낳고 양의가 사상을 낳는다."고 하였다. 또 말하길 3은 하늘의 수, 2는 땅의 수로 수를 세운다. 살펴보건대, 태극은 1이다. 1은 2를 낳고 2는 3을 낳으니 3과 2로써 수를 세운다. 소자가 말하길 "태일은 수의 시작이고 태극은 도의 지극함이다"라고 하였으니, 그것은 이것을 이르는 것이 아니겠는가.

낙서와 결부되어, 미래를 예언하는 참서(讖書)가 되었다.

4) 하(夏)나라 우(禹) 임금 때 낙수(洛水)에서 나온 신묘한 거북(神龜)의 등에 있었다는 45점의 글씨가 '낙서'인데, 이것을 기본으로 하여 주역의 이치가 생겼다고 한다. '낙서'와 하도가 결부되어, 미래를 예언하는 참서(讖書)가 되었고, 후한(後漢)에서는 『위서(緯書)』의 일부가 되었다. 『한서(漢書)』의 「오행지(五行志)」에는 유흠의 설이라 하여 "우(禹)가 홍수를 다스려서 낙서를 받았으니, 이것을 근거로 책을 펴냈으니 홍범(洪範)이 이것이다."라고 하면서 『상서』의 「홍범」과 결부시켰다.

5) 유교철학의 용어로, 송(宋)나라 성리학자들이 우주론과 인성론에 '체용'을 사용해서 철학적 이론으로 설명함으로써 확립된 개념이다. 사물의 본체와 작용·현상(現象) 사이의 관계를 규정한 것으로, '체'가 본체적 존재로서 형이상적(形而上的)이라면, '용'은 오관(五官)으로 감지할 수 있는 현상으로 형이하적(形而下的) 세계에 속한다. 송학(宋學)의 시조 주돈이는 무극이태극(無極而太極)을 형이상자 즉 천지만물이 생성되기 전의 본체로 보고, 그 본체에서 동정(動靜)·음양(陰陽)·오행(五行)이 나와 다시 교감상태(交感狀態)에서 천지만물이 형성된다고 하였다. 즉 동정·음양·오행을 본체의 작용으로 생각한 것이다. 본체론을 더욱 구체화하여 이기(理氣)를 설명한 사람은 정이다. 그는 『역전(易傳)』의 「서(序)」에서 "지극히 은미한 것은 이(理)이고 지극히 현저한 것은 상(象)이다. 체용은 일원(一源)이고, 현미(顯微)는 무간(無間)이다."라고 하였다. 주희(朱熹)는 이들의 본체론을 총정리하여 이(理)와 기(氣)로 설명하였는데 이를 천지만물의 본체로서 규정하고, 기는 그 형상인 체를 구체화하는 작용적 자료로 보았다.

子曰易有太極是生兩儀兩儀生四象 又曰 參天兩地而倚數 按太極者一也 一生二二生三參兩而數立矣 邵子曰 太一者數之始也 太極者道之極也 其此之謂乎

제 2장 수명 數名第二

이름은 수를 기록한 것이다. 실질을 헤아려서 수를 분별하기 때문이다. 사물이 있으면 이름이 있다. 그러므로 수의 이름은 그것[수원] 다음이다.

名者數之紀也 所以稽實而辨數者也 有物斯有名矣 故數名次之

수는 1, 10, 100, 1000, 10000이다. 수는 사물을 헤아리고 성명의 이치를 따르기 때문이다. 「전」에서 말하길 먼저 그 계산하여 운명을 알아보는 것[산명[1]]은 본래 황종의 수에서 시작된다. 1에서 시작하여 그것을 3으로 하고 3을 3번하여 쌓여 12진의 수를 지나서 177147이 된다. 1에서 시작하여 10으로 합쳐지고 100에서 자라고 1000에서 커지며 10000에서 넘쳐 오수가 갖추어진다. 월력을 추론하여 계산해서 율을 만들고 기를 만들었다[2]. 규[그림쇠]는 원을 그리고, 구[곱자]는 방형[사각형]을 그리고, 먹줄[승]은 직[곧게]을 긋고, 준[수준기]은 평평함을 긋는다. 길고 짧음을 재는 것은 호리를 잃지 않고[정밀하게 재고], 많고 적음을 측량하는 것은 규촬을 잃지 않고[정밀하게 재고], 가볍고 무거움을 저울질하는 것은 서루를 잃지 않는다[정밀하게 잰다]. 심오한 것을 탐구하고 숨겨진 것을 찾고 깊은 곳을 낚시질 하듯 꺼내고 먼 것에 이르니 유용하지 않은 것이 없다.

數者一十百千萬也 所以算數事物順性命之理也 傳曰 先其算命本起於黃鐘之數 始於一而三之三三積之歷十二辰之數 十有七萬七千一百四十七 紀於一協於十長於百大於千衍於萬而五數備矣 夫推歷生律制器規圜矩方繩直準平度長短者不失毫釐 量多少者不失圭撮 權輕重者不失黍絫 探賾索隱鉤深致遠

1) 『한서』「율력지」에서 산명은 산대를 추정해서 운명을 점치는 의미로 사용한다.
2) 『한서』「율력지」에서 '추력생율'을 월력(달력)을 추론하여 계산하여 음율을 만들어낸다는 의미로 사용하고 있다.

莫不用焉

도[길이]는 홀에서 시작하는데, 이것은 누에가 토해놓은 실 정도의 크기다. 10홀은 사가 되고, 10사는 호가 되고, 10호는 리가 되고, 10리는 푼이 되고, 10푼은 치가 되고 10치는 자가 되고, 10자는 장이 되고, 10장은 인이 된다. 5자가 보가 되기도 하고 6자가 보가 되기도 한다. 8자를 심이라고 부르고 심의 2배를 상이라 한다. 단법은 5장 또는 4장이다. 필법은 3장 2자 또는 2장 4자이다. 우리나라 필법은 4장 또는 3장 5자다. 중국 묘법은 240보이고, 이(理)법은 360보거나 300보이다. 우리 나라에서 발 10000자는 결이 되고, 100자는 부가 되고, 10자는 속이 되고, 1자는 파가 된다. (전척은 『경국대전』[3]에 나와 있다.)

度起於忽 蠶吐之絲 十忽爲絲 十絲爲毫 十毫爲釐 十釐爲分 十分爲寸 十寸爲尺 十尺爲丈 十丈爲引 五尺爲步或六尺 八尺曰尋 倍尋曰常 端法五丈或四丈 匹法三丈二或二丈四 東俗匹法四丈或三丈五 中國畝法二百四十步 里法三百六十步或三百步 東俗田一萬尺爲結 百尺爲負 十尺爲束 一尺爲把 (田尺見大典)

☞ 길이[도]의 단위 사이의 관계를 밝히고 있다.

홀(忽) → 사(絲) → 호(毫) → 리(釐) → 푼(分) →치(寸) → 자(尺) → 장(丈) → 인(引)

1 인 = 10 장 = 10^2 자 = 10^3 치 = 10^4 푼 = 10^5 리 = 10^6 호 = 10^7 사 = 10^8 홀

5 자(6 자) = 1 보, 8 자 = 1 심, 2 심 = 1 상 (16 자 = 1 상)

양[들이]은 규에서 시작하는데, 규는 조 여섯 알갱이 정도의 양이다. 10규는 촬이 되고, 10촬은 초가 되고, 10초는 작이 되고, 10작은 홉이 된다. 황종의 실은 1200서로 그 약을 채운다. 2약은 홉이 된다. 10홉은 되

3) 『경국대전(經國大典)』은 조선 시대의 근본 법전으로 조선 건국 초의 법전인 『경제육전(經濟六典)』의 원전(原典)과 속전(續典) 및 그 뒤의 법령을 종합하여 만든 통치의 기본이 되는 통일 법전이다. 세조는 즉위와 더불어 영원히 변치 않는 대법전을 편찬하려는 뜻을 품고, 육전상정소(六典詳定所)를 신설하여 육전상정관으로 하여금 편찬케 하고, 세조 스스로가 심의·수정하였다.

가 되고, 10 되는 말이 되고, 10 말은 곡이 되니 또 그것을 섬이라고도 한다. 옛날에는 두, 구, 부, 종, 유, 병이 있었으나 오늘날에는 모두 쓰이지 않는다. 우리나라에서는 15 말을 1 섬으로 삼는다.

量起於圭 六粒之粟 十圭爲撮 十撮爲抄 十抄爲勺 十勺爲合 黃鍾之實千二百黍實其龠 兩龠爲合 十合爲升 十升爲斗 十斗爲斛 又謂之石 古有豆區釜鍾庾秉 今皆不用 東俗以十五斗爲石

☞ 들이[양]의 단위 사이의 관계를 밝히고 있다.

규(圭) → 촬(撮) → 초(抄) → 작(勺) → 홉(合)→ 되(升) → 말(斗) → 곡(斛)[=섬(石)]

1 곡(=섬)=10 말=10^2 되=10^3 홉=10^4 작=10^5 초=10^6 촬=10^7 규

우리나라: 1 섬=15 말

형[무게]은 서에서 시작되는데, 서는 조 1 알갱이 정도의 무게다. 10 서는 루가 되고, 10 루는 수가 되고, 8 수는 치가 되고, 6 수는 푼이 되고, 4 푼은 냥이 된다. 황종의 실은 1200 서로 그 무게가 12수다. 그것(12수)의 두 배가 냥이고, 16 냥이 근이다. 즉 (1 근은) 384 수이고, 30 근은 작이 되고 4 작은 섬이 된다. 후세에는 양 아래 전, 푼, 리, 호가 있어 수와 루는 사용하지 않는다. 15 근은 1 칭이 되고, 200 근은 인이 되고, 전초 1000 문은 관이 되고, 5 관이 정이 된다. 우리나라에서 100 근은 1 칭이 되고 소전은 400이 냥이 되고, 대전은 100이 냥이 되고, 10 문은 전이 된다. (전초부는 이것[경국대전]에서 볼 수 있다)

衡起於黍一粒之粟 十黍爲絫 十絫爲銖 八銖爲錙 六銖爲分 四分爲兩黃鍾之實千二百黍其重十二銖兩之爲兩十六兩爲斤 卽三百八十四銖 三十斤爲鈞 四鈞爲石 後世兩下有錢分釐毫不用銖絫 十五斤爲一稱 二百斤爲引 錢鈔千文爲貫 五貫爲錠 東俗一百斤爲一稱 小錢四百爲兩 大錢一百爲兩 十文爲錢 (錢鈔附見于此)

☞ 무게[형]의 단위 사이의 관계를 밝히고 있다.

서(黍) → 루(絫) → 수(銖) → 푼(分)→ 푼(分) →냥(兩)→근(斤)→균(鈞)→섬(石)

└→ 치(錙)

1 섬 = 4 균 = 120 근 = 1920 냥 = 7680 푼 = 46080 수 = 460800 루 = 468000 서

15 근 = 1칭, 200근 = 1인

도[길이]는 자로 군을 삼고, 필이 있으면 필을 군으로 삼는다. 양[들이]은 섬으로 군을 삼고, 섬이 없으면 말을 군으로 삼는다. 권형[무게]은 냥을 군으로 삼고, 근이 있으면 근을 군으로 삼는다. 군은 성수[정수]의 주다.

度以尺爲君有匹則匹爲君量以石爲君無石則斗爲君權衡以兩爲君有斤則斤爲君 君者成數之主也

☞ 길이, 들이, 무게[도량형]의 '기본 단위[군]'를 밝히고 있다. 길이의 기본 단위는 자, 들이는 섬, 무게는 냥이다.

일, 십, 백, 천, 만을 정수라고 한다. 억, 조, 경, 해, 자, 양, 구, 간, 정, 재를 대수라 한다. 분, 리, 호, 사, 홀, 미, 섬, 사, 진, 애, 묘, 막을 소수라 한다. 대수의 위로 계속 나아가면 무극에 이르고, 소수의 아래로 계속 가면 무륜에 이른다. 이것이 성인이 이른바 큰 것은 능히 싣지 못하고 작은 것은 능히 깨뜨리지 못한다고 말한 것이다.

一十百千萬是謂正數 億兆京垓秭穰溝澗正載是謂大數 分釐毫絲忽微纖絲塵埃渺漠是謂小數 大數之上推之至於無極 小數之下推之八於無倫 此聖人所謂語大莫能載語小莫能破者

☞ 정수, 대수, 소수는 다음 장에서 다룬다. 좀 더 자세한 내용은『묵사집산법』천의「포산선습문」을 참조하라.

제 3장 수위 數位第三

자리는 수의 질서다. 차례에 따라서 수를 바르게 하는 것이다. 이름이 있으면 자리가 있다. 그러므로 수의 자리가 그것[수명] 다음이다.

位者數之序也 所以循次而正數者也 有名斯有位矣 故數位次之

소수 小數

(산수를 빌려 자리를 기록한다.)

(借散數紀位)

2 분	(10 리는 분이다.)	二分	(十釐爲分)
4 리	(10 호는 리다.)	四釐	(十毫爲釐)
9 호	(10 사는 호다.)	九毫	(十絲爲毫)
5 사	(10 홀은 사다.)	五絲	(十忽爲絲)
3 홀	(10 미는 홀이다.)	三忽	(十微爲忽)
6 미	(10 섬은 미다.)	六微	(十纖爲微)

(위는 곧 단수 아래 세분된 수를 정수로 배열해서 그것을 단위 매긴 것이다.)
(위와 같이 자 아래 치와 푼이고, 말 아래는 되와 홉이다.)

(右卽單數下 細分之數列於正數 單位之)
(右如尺下之寸分 斗下之升合也)

☞ 소수 0.249536을 이용해서 소수 체계를 설명하고 있다.

정수 正數

(경세만물의 수를 빌려 자리를 기록한다.)

(借經世萬物之數紀位)

2 만	(즉 만만 자리, 이것은 억이다.)	二萬	(卽萬萬位 是爲億數)
8 천	(즉 천만 자리)	八千	(卽千萬位)
9 백	(즉 백만 자리)	九百	(卽百萬位)
8 십	(즉 십만 자리)	八十	(卽十萬位)
1 만		一萬	
6 천		六千	
5 백		五百	
7 십		七十	
8	(즉 단위수)	八	(卽單位數)

☞ 자연수 289816578을 이용해서 정수 체계를 설명하고 있다.

대수 大數

(경세원회의 수를 빌려 자리를 기록한다.)

(借經世元會之數紀位)

2만	(즉 만조 자리)	二萬	(卽萬兆位)
8천	(즉 천조 자리)	八千	(卽千兆位)
2백	(즉 백조 자리)	二百	(卽百兆位)
1십	(즉 십조 자리)	一十	(卽十兆位)
1조	(즉 만만억 자리, 이것은 조가 된다.)	一兆	(卽萬萬億位是爲兆也)
0	(즉 천만억 자리)	0	(卽千萬億位)
9백	9즉 백만억 자리)	九百	(卽百萬億位)
9십	(즉 십만억 자리)	九十	(卽十萬億位)
0만	(즉 만억 자리)	0萬	(卽萬億位)

7천	(즉 천억 자리)	七千	(卽千億位)
4백	(즉 백억 자리)	四百	(卽百億位)
5십	(즉 십억 자리)	五十	(卽十億位)
6	(즉 억 자리)	六億	

☞ 자연수 28211997456000000000을 이용해서 대수 체계를 소개하고 있다.

척도 尺度

(구수를 빌려서 자리를 정한다. 양(들이)과 형(무게)도 이와 같다).
(치 아래는 소수다.)

(借九數紀位 量衡同)
(寸下爲小數)

1만 2천 3백 4십 5자 6치 7푼 8리 9호

一萬 二千 三百 四十 五尺 六寸 七分 八釐 九毫

☞ 12345.6789로 길이의 단위 체제를 설명하고 있다.
길이의 단위인 치 아래는 소수의 명칭인 푼·리·호를 그대로 사용한다.

곡량 斛量

(말 아래는 소수다.)
(하도의 수를 빌려 자리를 기록한다.)

(斗下爲小數)
(借河圖數紀位)

9만 4천 8백 3십 5섬 7말 2되 6홉 1작

九萬 四千 八百 三十 五石 七斗 二升 六合 一勺

☞ 948357.261로 들이의 단위 체제를 설명하고 있다.

권형 權衡

(전 아래는 소수다.)
(생성본수를 빌려 자리를 기록한다.)

(錢下爲小數)
(借生成本數紀位)

9만 8천 7백 6십 5냥 4전 3푼 2리 1호

九萬 八千 七百 六十 五兩 四錢 三分 二釐 一毫

☞ 987654.321로 무게의 단위 체제를 설명하고 있다.
무게의 단위인 전 아래는 소수의 명칭인 푼·리·호를 그대로 사용한다.

근 아래 냥을 가진 경우는 근하유양법을 사용한다.
(자세한 것은 산서에 나와 있다.)

斤下帶兩者用斤下留兩法 (詳見筭書)

☞ 근하유양법은 단위가 '냥'으로 나타내어진 수량을 단위 '근'으로 환산하는 법이다. '1근=16냥'이기 때문에 '근' 단위의 값을 16으로 나눈 몫을 다룬다. 자세한 것은『묵사집산법』천의「포산선습문」을 참조하라.

대수를 나타내는 방법에는 세 가지 부류가 있다. 예를 들어, 십만을 억이라 하고 십억을 조라 하고 십조를 경이라 하면, 이것은 하수의 방법이다. 예를 들어, 만만을 억이라 하고 만만억을 조라 하고 만만조를 경이라 하면, 이것은 중수의 방법이다. 예를 들어, 만만을 억이라 하고 억억을 조라 하고 조조를 경이라고 하면, 이것은 상수의 방법이다. 하수는 얕고 짧아 헤아리는 데 끝이 있고, 주나라의 상수는 넓고 커서 사용에 적당하지 않아서, 오늘날은 중수의 방법으로 자리를 정한다.

大數有三等 如言十萬曰億十億曰兆十兆曰京此下數也 如言萬萬曰億萬萬億曰兆萬萬兆曰京此中數也 如言萬萬曰億億億曰兆兆兆曰京此上數也 下數淺短計有末 周上數宏廓用無所適 故今以中數紀位

산대의 자리 값은 왼쪽이 높고 오른쪽이 낮아서, 왼쪽이 머리이고 오른쪽이 꼬리이다. 생수[곱셈]는 오른쪽에서부터 올라가고, 성수[나눗셈]는 왼쪽에서부터 내려온다. 모두 십이 차면 변하니, 세 자리로 백을 이루고, 다섯 자리로 만을 이루고, 아홉 자리로 억을 이루고, 열 일곱 자리로 조를 이루고, 스물 다섯 자리로 경을 이룬다.

凡筭數之位左爲上而右爲下 左爲首而右爲尾 生數自右而陞 成數自左而降 皆以滿十爲變 三位而成百 五位而成萬 九位而成億 十七位而成兆 二十五位而成京

산법은 이름을 바르게 하는 것보다 앞서는 것이 없고, 자리를 정하는 것보다 중요한 게 없다. 만일 자리를 정하는 것을 살피지 않으면 천이 백이 되고, 치가 자가 되는 경우가 많을 것이다. 「전」에 이르길 "호리의 차이가 천리의 어긋남을 빚어낸다."고 하니, 바로 이것을 말함이다.

算法莫先於正名 莫要於定位苟 或不審乎定位 則以千爲百 以寸爲尺者多矣 傳曰差若毫釐?以千里 此之謂也

제 4장 수상 數象第四

상은 수의 형태다. 산대를 펼쳐서 수를 나타내는 것이기 때문이다. 자리가 있으면 상이 있다. 그러므로 수의 상이 그것[수위] 다음이다.

象者數之形也 所以布策而明數者也 有位斯有象矣 故數象次之

9	8	7	6	5	4	3	2	1
九	八	七	六	五	四	三	二	一

☞ 자연수 98765321을 산대로 나타낸 것이다.

9	4	7	2	5	0	3	8	1	6
九	四	七	二	五	○	三	八	一	六

☞ 자연수 9472503816을 산대로 나타낸 것이다.

산대 펼치는 구결 布筭口訣

(『산학계몽』에 나와 있다.)
(見啓蒙)

1은 세로 10은 가로, 100은 서고 1000은 눕는다.
1000은 10과 나란히 늘어서고, 10000은 100과 서로 바라본다.
6 이상은 5 위에 나타낸다.
6이 쌓이지 않으면 5는 혼자 놓지 못한다.
10이 되면 자신의 자리를 넘고, 넘지 않으면 스스로를 담당한다.
이 구결을 잘 할 수 있으면 『구장산술』을 익힐 수 있다.

一從十衡 百立千僵
千十相竝 萬百相望
滿六以上 五在上方
六不積聚 五不單張
言十過身 不滿自當
若明此訣 可習九章

풀어서 말하면, 일은 단위 수이다. 일에서 구에 이르는 수를 통틀어 말한다. 십은 십단위다. 십부터 구십까지를 통틀어 말한다.

解曰 一者單數也 統從一至九之數 十者十數也 統一十至九十之數

1을 만나면 산대 하나를 내려놓는다. 2에 해당하는 것은 산대 두 개를 내려놓는다. 3, 4, 5도 그와 같다. 6은 산대 하나를 내려놓고 위에 하나를 더한다. 이것은 5에 해당한다. 7은 위에 산대 하나 아래에 둘을 놓는다. 8은 위에 산대 하나 아래에 셋을 놓는다. 9는 위에 산대 하나 아래에 넷을 놓는다. 곧, 하도에 1이 5를 머금어 6을 얻고, 2가 5를 머금어 7을 얻고, 3이 5를 머금어 8을 얻고, 4가 5를 머금어 9를 얻는다는 것이다. 사람이 손가락을 꼽아 수를 세는 것 또한 이것을 본뜬 것이다. 산대를 하나는 가로, 하나는 세로로 펼치는 것은 음양이 서로 섞임의 뜻이다. 가로는 주수[시간, 고금왕래]다. 세로는 우수[공간, 천지사방]다. 「전」에 이르길, 우주가 손에 있다는 것은 이것을 말함이 아니겠는가. (종은 종과 같고, 형은 횡과 같다.)

遇一則下一筭 遇二則下二筭 三四五放此 六則下一筭而加一於上 以當五數 七則上一下二 八則上一下三 九則上一下四 卽河圖一含五而得六 二含五而得七 三含五而得八 四含五而得九也 人之手指僂數亦象之也 布筭一從一衡 陰陽錯綜之義也 從者宙數也 衡者宇數也 傳曰宇宙在乎手非此之謂歟 (從與縱同 衡與橫同)

☞ 수를 산대로 나타내는 법을 설명하고 있다. 자세한 것은 『묵사집산법』 천의 「포산선습문」을 참조하라.

제 5장 수기 數器第五

기는 수의 사물이다. 사물을 갖추어 수를 세우는 것이기 때문이다. 상이 있으면 기가 있다. 그러므로 수기가 그것[수상] 다음이다.

器者數之物也 所以備物而立數者也 有象斯有器矣 故數器次之

옛날에는 대나무로 산대를 만들었다. 지름이 1푼이고 길이가 6치인데 271매로서 육고를 이루어 1악이 된다. 정산[양수를 나타내는 산대]은 붉은 색, 부산[음수를 나타내는 산대]은 검은 색으로 나타내었다. 후세에는 주[주판]로 산대를 대신했는데, 왼쪽이 실이고 오른쪽이 법이었으나 옛 규칙은 없어졌다. 근세에는 대나무 산대를 원이 아니라 삼릉[세모꼴]으로 만들었다.

古者以竹爲筭 圜徑一分長六寸 二百七十一枚 而成六觚爲一握 正筭赤負筭黑 後世以珠代筭 左實右法而古制失矣 近世竹筭不以圜而以三稜

수는 율에서 생기고, 도에서 살피고, 양[량]에서 아름다워지고, 형에서 찾아낸다. 율·도·양[량]·형이 수의 기다. 형이 운영되어 규를 만들고, 규가 둥글어져 구를 만들고, 구가 반듯하여 승을 만들고, 승이 곧아서 준을 만든다. 규, 구, 승, 준이 기의 법칙이다.

凡數生於律 審於度 嘉於量 鉤於衡 律度量衡數之器也 衡運生規 規圜生矩 矩方生繩 繩直生準 規矩繩準器之則也

『역』에 이르길 형이상을 일러 도라 하고 형이하를 일러 기라 한다. 소자[1]가 말하길 "산법의 비롯함이 방, 원, 평, 직에서 벗어나지 않는다."고 한 것은 이를 말함이다.

易曰 形而上謂之道 形而下謂之器 邵子曰 算法之起不出乎方圓平直 此之謂也

1) 소자는 소옹(邵雍 1011～1077)을 말한다. 중국 북송 시대(北宋時代)의 철학자 · 시인으로 평생 벼슬을 하지 않고 뤄양(洛陽)에 묻혀 살았으나 사마광(司馬光), 부필(富弼) 등 정계 중진이나 정자형제 등 학자와 벗으로 지냈다. 주요 저서 『황극경세서(皇極經世書)』에서 장대한 우주론적 역사관을 펼쳤으며, 특이한 시집 『이천격양집(伊川擊壤集)』은 자유인의 기쁨을 솔직하게 읊었다. 그는 도학(道學, 뒤의 주자학)의 계보에서 조금 벗어나기는 했으나 그의 역학(易學)은 주희(朱熹)에게 큰 영향을 주었다. 시호는 강절(康節)이다.

제 6장 수법 數法第六

[산]법은 수의 용이다. 변화를 꿰뚫어 수를 이루는 것이기 때문이다. 기가 있으면 법이 있다. 그러므로 수의 법[산법]이 그것[수기] 다음이다. 그것을 신묘하게 밝히는 것은 인간에게 달려있다.

法者數之用也 所以通變而成數者也 有器斯有法矣 故數法次之 神而明之存乎其人

1. 통론사법　　統論四法

산[법]에는 네 가지 법이 있는데, 이것은 가·감·승·제[덧셈·뺄셈·곱셈·나눗셈]다. 가와 감[덧셈·뺄셈] 두 법을 보통 행산이라 한다. 가[덧셈]는 첨가해서 그것을 자라게 한다. 감[뺄셈]은 덜어서 그것을 줄어들게 한다. 가[덧셈]는 양이고, 감[뺄셈]은 음이다. 가법[덧셈]은 빼 줌으로써 원래 수로 돌아가고, 감법[뺄셈]은 더해 줌으로써 원래 수로 돌아간다. 즉 일격산이다. 승[곱셈]은 두 수를 상교하여[서로 어울려서] 곱한 수를 낳는다. 나눗셈은 두 수를 상준하여[서로 비교해서] 약해서 나누어진 수를 얻는다. 승[곱셈] 또한 양이고, 제[나눗셈] 역시 음이다. 승법[곱셈]은 나눔으로써 원래 수로 돌아가고, 제법[나눗셈]은 곱함으로서 원래 수로 돌아간다. 즉 다격산이다. 가감[덧셈과 뺄셈]은 법이 없어 승제[곱셈과 나눗셈] 산술의 권여[시작]이고, 승제가 법이 있어 가감은 산술의 형범[모범]이다. 「전」에서 이르길 나무를 잘라 바둑판을 만들고 견고한 가죽을 다듬어서 공을 만드니 또한 모두 법도가 있다. 하물며 산술의 정미함에 있어서는 어떻겠는가?

筭有四法加減乘除是已 加減二法俗云行筭 加者添而息之 減者損而消之 加爲陽減爲陰 加法以減還原 減法以加還原 卽一格筭也 乘者二數相交而生出所乘之數 除者二數相準而約得所除之數 乘亦陽除亦陰 乘法以除還原 除法以乘還原 卽多格筭也 加減者無法之乘除筭術之權輿也 乘除者有法之加減筭術之型範也 傳曰斷木爲棋梡革爲鞠 亦皆有法焉 況於筭術之精微乎

1.1 가법과 감법　加法 減法

1을 주로 삼는다. 여기에 1을 더하면 2를 얻고, 2를 더하면 3을 얻고, 3을 더하면 4를 얻고, 4를 더하면 5를 얻고, 5를 더하면 6을 얻고, 6을 더하면 7을 얻고, 7을 더하면 8을 얻고, 8을 더하면 9를 얻는다.
2를 주로 삼는다. 여기에 1을 더하면 3을 얻고, 2를 더하면 4를 얻고, 3을 더하면 5를 얻고, 4를 더하면 6을 얻고, 5를 더하면 7을 얻고, 6을 더하면 8을 얻고, 7을 더하면 9를 얻는다.
3을 주로 삼는다. 여기에 1을 더하면 4를 얻고, 2를 더하면 5를 얻고, 3을 더하면 6을 얻고, 4를 더하면 7을 얻고, 5를 더하면 8을 얻고, 6을 더하면 9를 얻는다.
4를 주로 삼는다. 여기에 1을 더하면 5를 얻고, 2를 더하면 6을 얻고, 3을 더하면 7을 얻고, 4를 더하면 8을 얻고, 5를 더하면 9를 얻는다.
5를 주로 삼는다. 여기에 1을 더하면 6을 얻고, 2를 더하면 7을 얻고, 3을 더하면 8을 얻고, 4을 더하면 9를 얻는다.
6을 주로 삼는다. 여기에 1을 더하면 7을 얻고, 2를 더하면 8을 얻고, 3을 더하면 9를 얻는다.
7을 주로 삼는다. 여기에 1을 더하면 8을 얻고, 2를 더하면 9를 얻는다.
8을 주로 삼고, 1을 더하면 9를 얻는다.

一爲主 加一得二 加二得三 加三得四 加四得五 加五得六 加六得七 加七得八 加八得九
二爲主 加一得三 加二得四 加三得五 加四得六 加五得七 加六得八 加七得九
三爲主 加一得四 加二得五 加三得六 加四得七 加五得八 加六得九
四爲主 加一得五 加二得六 加三得七 加四得八 加五得九
五爲主 加一得六 加二得七 加三得八 加四得九
六爲主 加一得七 加二得八 加三得九
七爲主 加一得八 加二得九
八爲主 加一得九

더하는 것을 더 나아가 1에 9를 더하면 10을 이루고, 2에 8을 더하면 10을 이루고, 3에 7을 더하면 10을 이루고, 4에 6을 더하면 10을 이루고, 5에 5를 더하면 10을 이루고, 6에 4를 더하면 10을 이루고, 7에 3을 더하면 10을 이루고, 8에 2를 더하면 10을 이루고, 9에 1을 더하면 10을 이룬다. 자리수를 더해서 찬 것은 본래의 자리에서 성수를 만나니, 자리를 올라가 1을 얻는다.

進加 一加九成十 二加八成十 三加七成十 四加六成十 五加五成十 六加四成十 七加三成十 八加二成十 九加一成十 加位數盈者本位見成數 進位得一數

9를 주로 삼는다. 여기에서 1을 빼면 8이 되고, 2를 빼면 7이 되고, 3을 빼면 6이 되고, 4를 빼면 5가 되고, 5를 빼면 4가 되고, 6을 빼면 3이 되고, 7을 빼면 2가 되고, 8을 빼면 1이 된다.
8을 주로 삼는다. 여기에서 1을 빼면 7이 되고, 2를 빼면 6이 되고, 3을 빼면 5가 되고, 4를 빼면 4가 되고, 5를 빼면 3이 되고, 6을 빼면 2가 되고, 7을 빼면 1이 된다.
7을 주로 삼는다. 여기에서 1을 빼면 6이 되고, 2를 빼면 5가 되고, 3을 빼면 4가 되고, 5를 빼면 2가 되고 6을 빼면 1이 된다.
6을 주로 삼는다. 여기에서 1을 빼면 5가 되고, 2를 빼면 4가 되고, 3을 빼면 3이 되고, 4를 빼면 2가 되고, 5를 빼면 1이 된다.
5를 주로 삼는다. 여기에서 1을 빼면 4가 되고, 2를 빼면 3이 되고, 3을 빼면 2가 되고, 4를 빼면 1이 된다.
4를 주로 삼는다. 여기에서 1을 빼면 3이 되고, 2를 빼면 2가 되고, 3을 빼면 1이 된다.
3을 주로 삼는다. 여기에서 1을 빼면 2가 되고, 2를 빼면 1이 된다.
2를 주로 삼는다. 여기에서 1을 빼면 1이 된다.

九爲主 減一爲八 減二爲七 減三爲六 減四爲五 減五爲四 減六爲三 減七爲二 減八爲一
八爲主 減一爲七 減二爲六 減三爲五 減四爲四 減五爲三 減六爲二 減七爲

一

七爲主 減一爲六 減二爲五 減三爲四 減四爲三 減五爲二 減六爲一
六爲主 減一爲五 減二爲四 減三爲三 減四爲二 減五爲一
五爲主 減一爲四 減二爲三 減三爲二 減四爲一
四爲主 減一爲三 減二爲二 減三爲一
三爲主 減一爲二 減二爲一
二爲主 減一爲一

빼는 것에서 더 물러나 10에서 1을 빼면 9가 남고, 10에서 2를 빼면 8이 남고, 10에서 3을 빼면 7이 남고, 10에서 4를 빼면 6이 남고, 10에서 5를 빼면 5가 남고, 10에서 6을 빼면 4가 남고, 10에서 7을 빼면 3이 남고, 10에서 8을 빼면 2가 남고, 10에서 9를 빼면 1이 남는다. 자리 수를 빼서 모자라는 것은 앞자리에서 1을 빌려오고, 자리를 물러나서 각수를 뺀다.

退減 十減一餘九 十減二餘八 十減三餘七 十減四餘六 十減五餘五 十減六餘四 十減七餘三 十減八餘二 十減九餘一 減位數虛者前位借一數 退位除各數

1.2 승법과 제법　　乘法 除法

1을 주로 삼는다. 여기에 1을 곱하면 1을 얻고, 2를 곱하면 2를 얻고, 3을 곱하면 3을 얻고, 4를 곱하면 4를 얻고, 5를 곱하면 5를 얻고, 6을 곱하면 6을 얻고, 7을 곱하면 7을 얻고, 8을 곱하면 8을 얻고, 9를 곱하면 9를 얻는다.
2를 주로 삼는다. 여기에 1을 곱하면 2를 얻고, 2를 곱하면 4를 얻고, 3을 곱하면 6을 얻고, 4를 곱하면 8을 얻고, 5를 곱하면 10을 얻고, 6을 곱하면 12를 얻고, 7을 곱하면 14를 얻고, 8을 곱하면 16을 얻고, 9를 곱하면 18을 얻는다.
3을 주로 삼는다. 여기에 1을 곱하면 3을 얻고, 2를 곱하면 6을 얻고, 3을 곱하면 9를 얻고, 4를 곱하면 12를 얻고, 5를 곱하면 15를 얻고, 6을 곱하면 18을 얻고, 7을 곱하면 21을 얻고, 8을 곱하면 24를 얻고, 9를 곱하면 27을 얻는다.
4를 주로 삼는다. 여기에 1을 곱하면 4를 얻고, 2를 곱하면 8을 얻고, 3을 곱하면 12를 얻고, 4를 곱하면 16을 얻고, 5를 곱하면 20을 얻고, 6을 곱하면 24를 얻고, 7을 곱하면 28을 얻고, 8을 곱하면 32를 얻고, 9를 곱하면 36을 얻는다.
5를 주로 삼는다. 여기에 1을 곱하면 5를 얻고, 2를 곱하면 10을 얻고, 3을 곱하면 15를 얻고, 4를 곱하면 20을 얻고, 5를 곱하면 25를 얻고, 6을 곱하면 30을 얻고, 7을 곱하면 35를 얻고, 8을 곱하면 40을 얻고, 9를 곱하면 45를 얻는다.
6을 주로 삼는다. 여기에 1을 곱하면 6을 얻고, 2를 곱하면 12를 얻고, 3을 곱하면 18을 얻고, 4를 곱하면 24를 얻고, 5를 곱하면 30을 얻고, 6을 곱하면 36을 얻고, 7을 곱하면 42를 얻고, 8을 곱하면 48을 얻고, 9를 곱하면 54를 얻는다.
7을 주로 삼는다. 여기에 1을 곱하면 7을 얻고, 2를 곱하면 14를 얻고, 3을 곱하면 21을 얻고, 4를 곱하면 28을 얻고, 5를 곱하면 35를 얻고, 6을 곱하면 42를 얻고, 7을 곱하면 49를 얻고, 8을 곱하면 56을 얻고, 9를 곱하면 63을 얻는다.
8을 주로 삼는다. 여기에 1을 곱하면 8을 얻고, 2를 곱하면 16을 얻고, 3

을 곱하면 24를 얻고, 4를 곱하면 32를 얻고, 5를 곱하면 40을 얻고, 6을 곱하면 48을 얻고, 7을 곱하면 56을 얻고, 8을 곱하면 64를 얻고, 9를 곱하면 72를 얻는다.

9를 주로 삼는다. 여기에 1을 곱하면 9를 얻고, 2를 곱하면 18을 얻고, 3을 곱하면 27을 얻고, 4를 곱하면 36을 얻고, 5를 곱하면 45를 얻고, 6을 곱하면 54를 얻고, 7을 곱하면 63을 얻고, 8을 곱하면 72를 얻고, 9를 곱하면 81을 얻는다.

一爲主 乘一得一 乘二得二 乘三得三 乘四得四 乘五得五 乘六得六 乘七得七 乘八得八 乘九得九

二爲主 乘一得二 乘二得四 乘三得六 乘四得八 乘五得十 乘六得十二 乘七得十四 乘八得十六 乘九得十八

三爲主 乘一得三 乘二得六 乘三得九 乘四得十二 乘五得十五 乘六得十八 乘七得二十一 乘八得二十四 乘九得二十七

四爲主 乘一得四 乘二得八 乘三得十二 乘四得十六 乘五得二十 乘六得二十四 乘七得二十八 乘八得三十二 乘九得三十六

五爲主 乘一得五 乘二得十 乘三得十五 乘四得二十 乘五得二十五 乘六得三十 乘七得三十五 乘八得四十 乘九得四十五

六爲主 乘一得六 乘二得十二 乘三得十八 乘四得二十四 乘五得三十 乘六得三十六 乘七得四十二 乘八得四十八 乘九得五十四

七爲主 乘一得七 乘二得十四 乘三得二十一 乘四得二十八 乘五得三十五 乘六得四十二 乘七得四十九 乘八得五十六 乘九得六十三

八爲主 乘一得八 乘二得十六 乘三得二十四 乘四得三十二 乘五得四十 乘六得四十八 乘七得五十六 乘八得六十四 乘九得七十二

九爲主 乘一得九 乘二得十八 乘三得二十七 乘四得三十六 乘五得四十五 乘六得五十四 乘七得六十三 乘八得七十二 乘九得八十一

1을 주로 삼는다. 이것으로 9를 나누면 9가 되고, 8을 나누면 8이 되고, 7을 나누면 7이 되고, 6을 나누면 6이 되고, 5를 나누면 5가 되고, 4를 나누면 4가 되고, 3을 나누면 3이 되고, 2를 나누면 2가 되고, 1을 나누면 1이 된다.

2를 주로 삼는다. 이것으로 18을 나누면 9가 되고, 16을 나누면 8이 되고, 14를 나누면 7이 되고, 12를 나누면 6이 되고, 10을 나누면 5가 되고, 8을 나누면 4가 되고, 6을 나누면 3이 되고, 4를 나누면 2가 되고, 2를 나누면 1이 된다.
3을 주로 삼는다. 이것으로 27을 나누면 9가 되고, 24를 나누면 8이 되고, 21을 나누면 7이 되고, 18을 나누면 6이 되고, 15를 나누면 5가 되고, 12를 나누면 4가 되고, 9를 나누면 3이 되고, 6을 나누면 2가 되고, 3을 나누면 1이 된다.
4를 주로 삼는다. 이것으로 36을 나누면 9가 되고, 32를 나누면 8이 되고, 28을 나누면 7이 되고, 24를 나누면 6이 되고, 20을 나누면 5가 되고, 16을 나누면 4가 되고, 12를 나누면 3이 되고, 8을 나누면 2가 되고, 4를 나누면 1이 된다.
5를 주로 삼는다. 이것으로 45를 나누면 9가 되고, 40을 나누면 8이 되고, 35를 나누면 7이 되고, 30을 나누면 6이 되고, 25를 나누면 5가 되고, 20을 나누면 4가 되고, 15를 나누면 3이 되고, 10을 나누면 2가 되고, 5를 나누면 1이된다.
6을 주로 삼는다. 이것으로 54를 나누면 9가 되고, 48을 나누면 8이 되고, 42를 나누면 7아 되고, 36을 나누면 6이 되고, 30을 나누면 5가 되고, 24를 나누면 4가 되고, 18을 나누면 3이 되고, 12를 나누면 2가 되고, 6을 나누면 1이 된다.
7을 주로 삼는다. 이것으로 63을 나누면 9가 되고, 56을 나누면 8이 되고, 49를 나누면 7이 되고, 42를 나누면 6이 되고, 35를 나누면 5가 되고, 28을 나누면 4가 되고, 21을 나누면 3이 되고, 14를 나누면 2가 되고, 7을 나누면 1이 남는다.
8을 주로 삼는다. 이것으로 72를 나누면 9가 되고, 64를 나누면 8이 되고, 56을 나누면 7이 되고, 48을 나누면 6이 되고, 40을 나누면 5가 되고, 32를 나누면 4가 되고, 24를 나누면 3이 되고, 16을 나누면 2가 되고, 8을 나누면 1이 된다.
9가 주로 삼는다. 이것으로 81을 나누면 9가 되고, 72를 나누면 8이 되고, 63을 나누면 7이 되고, 54를 나누면 6이 되고, 45를 나누면 5가 되고, 36을 나누면 4가 되고, 27을 나누면 3이 되고, 18을 나누면 2가 되고, 9를 나누면 1이 된다.

一爲主 除九爲九 除八爲八 除七爲七 除六爲六 除五爲五 除四爲四 除三爲三 除二爲二 除一爲一
二爲主 除十八爲九 除十六爲八 除十四爲七 除十二爲六 除十爲五 除八爲四 除六爲三 除四爲二 除二爲一
三爲主 除二十七爲九 除二十四爲八 除二十一爲七 除十八爲六 除十五爲五 除十二爲四 除九爲三 除六爲二 除三爲一
四爲主 除三十六爲九 除三十二爲八 除二十八爲七 除二十四爲六 除二十爲五 除十六爲四 除十二爲三 除八爲二 除四爲一
五爲主 除四十五爲九 除四十爲八 除三十五爲七 除三十爲六 除二十五爲五 除二十爲四 除十五爲三 除十爲二 除五爲一
六爲主 除五十四爲九 除四十八爲八 除四十二爲七 除三十六爲六 除三十爲五 除二十四爲四 除十八爲三 除十二爲二 除六爲一
七爲主 除六十三爲九 除五十六爲八 除四十九爲七 除四十九爲七 除四十二爲六 除三十五爲五 除二十八爲四 除二十一爲三 除十四爲二 除七爲一
八爲主 除七十二爲九 除六十四爲八 除五十六爲七 除四十八爲六 除四十爲五 除三十二爲四 除二十八爲三 除十六爲二 除八爲一
九爲主 除八十一爲九 除七十二爲八 除六十三爲七 除五十四爲六 除四十五爲五 除三十六爲四 除二十七爲三 除十八爲二 除九爲一

위의 법칙은 승[곱셈]은 구수[아홉수]를 주로 삼아 구수[아홉수]를 곱해서 산수[흩어진 수]를 얻고, 제[나눗셈]는 구수[아홉수]를 주로 삼아 산수[흩어진 수]를 나누어 구수[아홉수]가 된다. 만약 승[곱셈]이 구수[아홉수]를 주로 삼아 산수를 곱해 구수[아홉수]를 얻고 제[나눗셈]가 구수를 주로 삼아 구수[아홉수]를 나누어 산수를 얻으면, 1이 주일 때 곱하는 수와 나누는 수는 다시 전과 같은 본래의 수를 얻는다. 2 이하부터는 곱하는 수와 나누는 수는 각각 새로운 수를 얻는다. 2, 4, 5, 8은 모두 부진수[나머지]가 없고, 3, 6, 7, 9는 모두 부진수[나머지]가 있다

右法乘以九數爲主而乘九數得散數 除以九數爲主而除散數爲九數 若夫乘以九數爲主而乘散數得九數 除以九數爲主而除九數爲散數 一爲主數所乘所除還得本數如前 自二以下所乘所除各得新數 而二四五八皆無不盡之數 三六七

九皆有不盡之數

☞ 1을 주로 삼으면, 곱셈은 1×1=1, 1×2=2, 1×3=3, … , 1×8=8, 1×9=9이고 나눗셈은 1÷1=1, 2÷1=2, 3÷1=3, … , 8÷1=8, 9÷1=9이므로 곱하거나 나눈 수가 연산 결과와 같다.

2 이상을 주로 삼으면, 곱셈은 2×1=2, 2×2=4, 2×3=6, …, 2×8=16, 2×9=9이고 나눗셈은 1÷2=0.5, 2÷2=1, 3÷2=1.5, …, 8÷2=4, 9÷2=4.5이므로 곱하거나 나눈 수가 연산 결과와 다르다.

2, 4, 5, 8은 모두 1÷2=0.5, 1÷4=0.25, 1÷5=0.5, 1÷8=0.125와 같이 나누어떨어지므로 부진수가 없고, 3, 6, 7, 9는 1÷3=0.333…, 1÷6=0.1666…, 1÷7=0.14287…, 1÷9=0.111…와 같이 나누어떨어지지 않으므로 부진수가 있다.

승[곱셈]에서 주가 되는 것은 원수, 곱하는 것은 법수, 얻은 수는 적수다. 제[나눗셈]에서 주가 되는 것은 법수, 나누어지는 수는 실수, 얻은 수가 상수다. 정수는 소수를 곱하면 적산은 원수보다 작은 것을 돌려준다. 소수는 정수를 나누면 상산은 실수보다 큰 것을 돌려준다. 곱하는 수는 지아비가 원이고 지어미가 법이니, 지아비가 지어미를 곱해 적을 구한다. 나누는 수[제수]는 지어미가 법이고 자식이 실이니. 어미가 자식을 나누어 상을 구한다. 합해서 말하면 원법은 어미가 되고 적실은 자식이 된다. (원수 또한 실수라 칭한다.)

乘法爲主者原數也 所乘者法數也 所得者積數也 除法爲主者法數也 所除者實數也所求者商數也 乘法以正數乘小數則積筭反小于元數除法以小數除正數則商筭 反大于實數 乘數夫元而妻 法夫乘妻而求積也 除數母法而子實母除子而求商也 合而言之元法爲母而積實爲子也 (元數亦稱實數)

☞ 원수(지아비)×법수(지어미)=적수: 곱셈에서는 원수가 주다.

실수(자식)÷법수(지어미)=상수: 나눗셈에서는 법수가 주다.

정수×소수=적수 ⇒ 적수＜정수(=원수)

정수÷소수=상수 ⇒ 상수＞정수(=실수)

1.3 구구도사 九九圖四

1.3.1 구구모수명도 九九母數名圖

9×1	8×1	7×1	6×1	5×1	4×1	3×1	2×1	1×1
9×2	8×2	7×2	6×2	5×2	4×2	3×2	2×2	1×2
9×3	8×3	7×3	6×3	5×3	4×3	3×3	2×3	1×3
9×4	8×4	7×4	6×4	5×4	4×4	3×4	2×4	1×4
9×5	8×5	7×5	6×5	5×5	4×5	3×5	2×5	1×5
9×6	8×6	7×6	6×6	5×6	4×6	3×6	2×6	1×6
9×7	8×7	7×7	6×7	5×7	4×7	3×7	2×7	1×7
9×8	8×8	7×8	6×8	5×8	4×8	3×8	2×8	1×8
9×9	8×9	7×9	6×9	5×9	4×9	3×9	2×9	1×9

九一	八一	七一	六一	五一	四一	三一	二一	一一
九二	八二	七二	六二	五二	四二	三二	二二	一二
九三	八三	七三	六三	五三	四三	三三	二三	一三
九四	八四	七四	六四	五四	四四	三四	二四	一四
九五	八五	七五	六五	五五	四五	三五	二五	一五
九六	八六	七六	六六	五六	四六	三六	二六	一六
九七	八七	七七	六七	五七	四七	三七	二七	一七
九八	八八	七八	六八	五八	四八	三八	二八	一八
九九	八九	七九	六九	五九	四九	三九	二九	一九

위는 강수가 되고 아래는 목수가 된다.

上爲綱數 下爲目數

☞ 수표는 모두 오른쪽에서 왼쪽으로, 위에서 아래로 진행된다.

1.3.2 구구모수상도 九九母數象圖

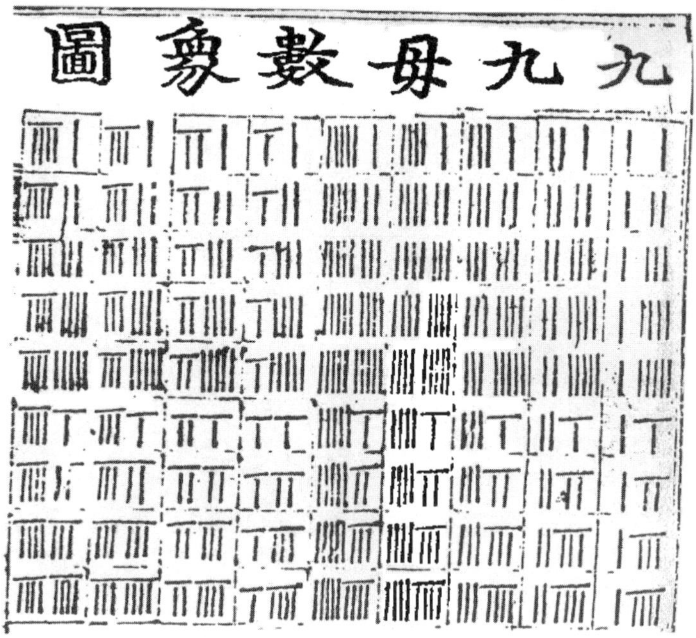

오른쪽은 목수고 왼쪽은 강수고, 지아비는 강이고 지어미는 목이다.
이 그림은 채씨[1]의 범수방도이다.

右爲目數左爲綱數 夫綱而妻目也
此圖卽蔡氏範數方圖

1) 채씨는 남송의 채원정(蔡元定, 1135-1198)으로 『연악서(燕樂書)』와 『율려신서(律呂新書』를 저술하였다.

1.3.3 구구자수명도 九九子數名圖

9	8	7	6	5	4	3	2	1
18	16	14	12	10	8	6	4	2
27	24	21	18	15	12	9	6	3
36	32	28	24	20	16	12	8	4
45	40	35	30	25	20	15	10	5
54	48	42	36	30	24	18	12	6
63	56	49	42	35	28	21	14	7
72	64	56	48	40	32	24	16	8
81	72	63	54	45	36	27	18	9

위로부터 아래로 가로 행 아홉이 있고, 오른쪽에서부터 왼쪽으로 곧은[수직인] 행 아홉이 있다. 첫 번째 가로 격자는 강이 된다. 첫 번째 곧은[수직인] 행은 목이 된다. 곧은 행 오른쪽으로부터 가로를 보고 세로 격자 위로부터 곧은 행을 보아서 서로 만나는 곳이 곧 상승한[곱한] 수다.

自上而下橫格有九 自右而左直行有九 第一橫格爲綱 第一 直行爲目直行自右橫看 橫格自上直看其相値處卽相乘數

1.3.4 구구자수상도 九九子數象圖

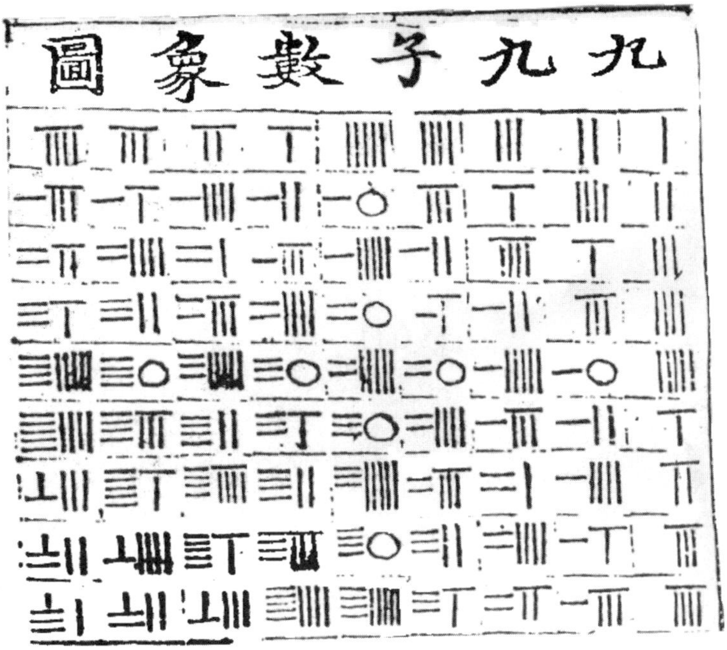

오른쪽은 일 단위이고 왼쪽은 십 단위다. 세로가 1이고 가로는 10이다.

右爲單數 左爲十數 從一而衡十也

1.4 구구합수구결 九九合數口訣

일 · 일은 일	一一如一
일 · 이는 이	一二如二
이 · 이는 사	二二爲四
일 · 삼은 삼	一三如三
이 · 삼은 육	二三爲六
삼 · 삼은 구	三三爲九
일 · 사는 사	一四如四
이 · 사는 팔	二四爲八
삼 · 사는 십이	三四一十二
사 · 사는 십육	四四一十六
일 · 오는 오	一五如五
이 · 오는 십	二五得一十
삼 · 오는 십오	三五一十五
사 · 오는 이십	四五得二十
오 · 오는 이십오	五五二十五
일 · 육은 육	一六如六
이 · 육은 십이	二六一十二
삼 · 육은 십팔	三六一十八
사 · 육은 이십사	四六二十四
오 · 육은 삼십	五六得三十
육 · 육은 삼십육	六六三十六
일 · 칠은 칠	一七如七
이 · 칠은 십사	二七一十四

삼 · 칠은 이십일　三七二十一
사 · 칠은 이십팔　四七二十八
오 · 칠은 삼십오　五七三十五
육 · 칠은 사십이　六七四十二
칠 · 칠은 사십구　七七四十九

일 · 팔은 팔　一八如八
이 · 팔은 십육　二八一十六
삼 · 팔은 이십사　三八二十四
사 · 팔은 삼십이　四八三十二
오 · 팔은 사십　五八得四十
육 · 팔은 사십팔　六八四十八
칠 · 팔은 오십육　七八五十六
팔 · 팔은 육십사　八八六十四

일 · 구는 구　一九如九
이 · 구는 십팔　二九一十八
삼 · 구는 이십칠　三九二十七
사 · 구는 삼십육　四九三十六
오 · 구는 사십오　五九四十五
육 · 구는 오십사　六九五十四
칠 · 구는 육십삼　七九六十三
팔 · 구는 칠십이　八九七十二
구 · 구는 팔십일　九九八十一

가[덧셈]와 감[뺄셈]에 능숙해지는 것은 승[곱셈]과 제[나눗셈]에 달려있고, 곱하기 나누기에 뛰어난 것은 구구에 달려있다. 예를 들어, '구 · 구 팔십일'이라고 말할 때, 구구는 9개의 9이다. '구 · 구'는 모수고 '팔십일'은 자수다. 예를 들어, '팔 · 구 칠십이'라고 할 때, 팔구는 8개의 9이다. 9개의 8 또한 72다. 8로서 9를 곱하면 72가 생기는데, 8이 지아비가 되고 9가 지어미가 된다. 9로서 8을 곱하면 72가 생기는데, 9가 지아비가 되고 8이

지어미가 된다. 모든 수가 이와 같다. 「전」에서 이르길 "율이 아내를 맞이하고 려가 자식을 낳는다."는 것이 이런 의미이다. 그림에 81 격자가 있고, 구결에 45 구가 있다. 어떤 것은 모두 펼쳐내고 어떤 것은 생각했다. 그림을 그려서 전체를 표시하고, 구결을 해서 그 요지를 들 수 있다.

致加減者存乎乘除 妙乘除者存乎九九 如言九九八十一 九九者九箇九也 九九母數也 八十一子數也 如言八九七十二 八九者八箇九也 九箇八亦爲七十二也 以八乘九生七十二 八爲夫而九爲妻也 以九乘八生七十二 九爲夫而八爲妻也 諸數放此 傳曰律娶妻而呂生子亦此意也 圖有八十一格 訣有四十五句 或該而或省者 圖以揭其全訣以提其要也

2. 통론팔법 統論八法

승[곱셈]과 제[나눗셈]에는 여덟 가지 방법이 있는데, 정수는 두 가지 방법이고, 변수는 여섯 가지 방법이다. 승[곱셈]에는 인법·가법·승법의 세 가지 방법이 있고, 제[나눗셈]에는 귀법·감법·제법의 세 가지 방법이 있다. 즉 음양의 변수다. 보승법은 인법·가법·승법의 세 가지 방법을 겸하고, 상제법은 귀법·감법·제법의 세 가지 방법을 겸하는 것은 마치 건과 곤이 여섯 자식을 거느리는 것과 같다[1]. 즉 음양의 정수다. 승[곱셈]은 아직 생기지 않은 수를 펴지게 하니 원회가 사물을 여는 것과 같다. 제[나눗셈]는 이미 생겨난 수를 사라지게 하는 것이니 원회가 사물을 닫는 것과 같다. 소자가 말하길 "승[곱셈]은 수를 낳고, 제[나눗셈]는 수를 사라지게 한다"고 했으니, 산법이 비록 많을지라도 이것에서 벗어나는 게 없다는 것은 이를 말함이다.

乘除有八法 正數二變數六 乘有因加乘三法 除有歸減除三法 卽陰陽之變數也 步乘一法兼因加乘三法 商除一法兼歸減除三法 如乾坤之統六子 卽陰陽之正數也 乘者演其未生之數猶元會之開物也 除者消其已生之數猶元會之閉物也 邵子曰 乘者生數也 除者消數也 筭法雖多不出乎此此之謂也

☞ 통론팔법의 체계

	승(곱셈) - 양	제(나눗셈) - 음
정수	보승법	상제법
변수	인법 가법(=신외가법) 승법(=유두승법)	귀법(구귀법) 감법(=신외감법=정신제) 제법(=귀제법)

위의 표에서 인법과 귀법, 가법과 감법, 승법과 제법은 각각 역연산 관계다.

---

1) 통론팔법을 『주역』의 팔괘에 대응시키는 것으로 볼 수 있다.

☞ 문왕팔괘순서지도 (文王八卦次序之圖)

곤坤 (모母) -음			건乾 (부父) - 양		
☷			☰		
태兌 (소녀少女)	리離 (중녀中女)	巽손 (장녀長女)	艮간 (소남少男)	감(坎) (중남中男)	진震 장남(長男)
☱	☲	☴	☶	☵	☳
得坤上爻	得坤中爻	得坤下上爻	得乾上爻	得乾中爻	得乾下爻

정수의 보승법과 상제법이 각각 건괘와 곤괘에 해당되고, 변수의 인법·가법·승법이 간괘·감괘·진괘에 해당되고, 변수의 귀법·감법·제법은 태괘·리괘, 손괘에 해당된다.

2.1 음양정수 이법　陰陽正數 二法

2.1.1 보승 步乘

보승은 양의 정이다. 양휘가 이르길 이것을 상승이라 하는데, 보통 영산이라 부른다. 위에 원수가 얼마인지 놓고, 아래 법수가 얼마인지 놓고, 위와 아래를 서로 곱해서 가운데에 실적이 얼마인가를 놓는다. 윗줄의 수는 하늘을 본뜨고, 아랫줄의 수는 땅을 본뜨고, 가운데 수는 사람을 본뜬다. 즉 삼격산이다. 10에 10을 곱하면 100이 생긴다. 10에 100을 곱하면 1000이 생긴다. 먼저 원수 끝자리를 따라 계산을 시작한다. 원수 자리가 많은 것은 법수가 차차 자리를 나아가며 상제로서 처음으로 돌아간다. 승법[곱셈]은 누가[거듭 더하기]에서 생겼다. 미가가 말한 바 대쪽을 누적해서 더한다고 한 것이 이것이다.
(임시로 만든 두 문제의 도식은 나중에 갖춘다.)

步乘者陽之正　陽輝謂之相乘俗稱影筭　上列元數幾何　下列法數幾何　上下相乘中列實積幾河　上數象天　下數象地　中數象人　卽三格筭也　十乘十生百　十乘百生千　先從元數末位起筭　元數位多者法數次次進位　以商除還原　乘法生於累加　眉家所謂以策累加者是也　(姑設該二題圖式具後)

【1】 예를 들어, 1년은 12월이고 매월은 30일이다.
1년은 며칠인가?
답: 360일

如云歲有十二月　每月有三十日　問一歲日數幾何
答曰三百六十日

그림에 의거해서 산대를 펼치자.
依圖布筭

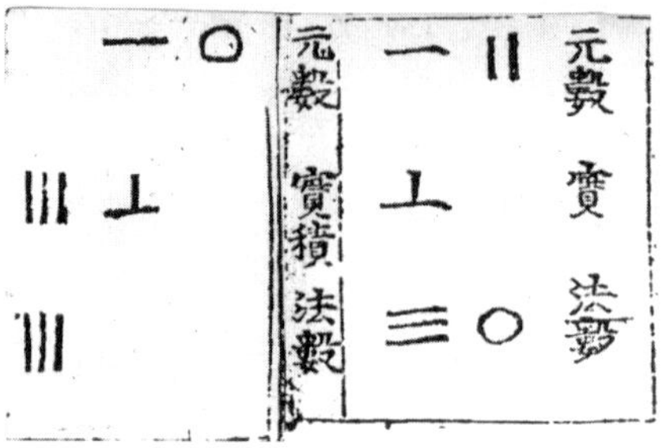

1 0	원수	1 2	원수
3 6	실적	6	실
3	법수	3 0	법수

☞ 위의 그림에서 산대 계산은 오른쪽에서 왼쪽으로 진행한다.

(산대 그림은 모두 이와 같은 방향으로 진행한다)

12×30 → 2×30=60, 10×30＝300

(자리값은 산대를 오른쪽에서 왼쪽으로 밀어서 결정한다)

→ 300＋60＝360

12를 원수로 삼아 위 격자에 놓는다. 30을 법수로 삼아 아래 격자에 놓는다. 산대를 십 대 십[십의 자리는 십의 자리에], 백 대 백[백의 자리는 백의 자리에], 영 대 영으로[일의 자리는 일의 자리에] 펼친다.
먼저 법수 3과 원수 2를 짝을 지어 부르면, 2·3은 6이니, 가운데 격자에 산대 6을 내려 놓는다. 즉 60이다.
위 격자에서 2를 제거한다. 수를 이룬 것은 끊어서 제거한다.
다음으로 10을 부르면 보가 1이니 장차 법수 30이 백 자리로 나아간다. 1·3은 3이니 가운데 격자에 60의 왼쪽에 산대 3개를 놓는다. 즉 300이다.
합치면 360을 얻으니 이것이 1년의 날수다.

以十二爲元數列上格 以三十爲法數列下格 布筭十對十百對百零對零

先以法數三與元數二對呼二三如六 下六筭於中格 卽六十數也
上格去二數成切者去
次呼十步之一將法數三十進位於百 呼一三如三 下三筭於格中格 六十之左 卽三百數也
合得三白六十 是爲一歲之日數

이 문제는 인법으로 구해도 역시 얻을 수 있다.

此一問以因法求之亦得

양휘는 원수를 실수라 하는데 이것은 원수를 적수와 구별했기 때문이다. 아래 글에서 간혹 혼용하여 칭하기도 했다.

揚輝以元數稱實數 此云元數所以別於積數也 下文或混稱

【2】 예를 들어 은자 300 근이 있다면, 이것은 몇 냥인가?
답: 4800 냥

如云今有銀子三百斤 問該幾兩 答曰四千八百兩

☞ 1 근=16 냥

그림에 의지해서 산대를 펼치자.

依圖布筭

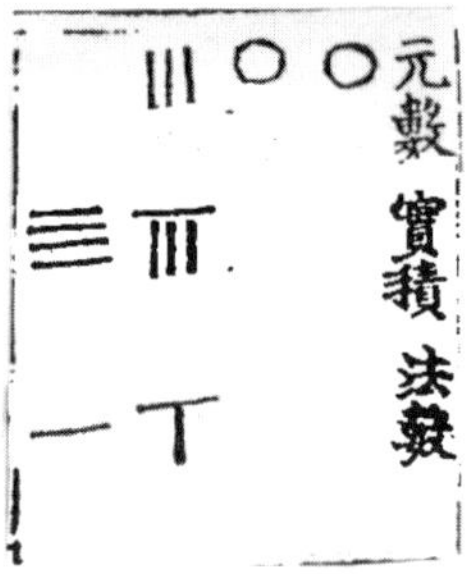

	3	0	0	원수
4	8			실적
1	6			법 수

300을 원수로 삼고, 근법 16이 법수다.
먼저 100을 부르면 보가 2이니, 장차 법수가 두 자리를 나아간다. 위와 아래를 짝지어 부르면, 1·3은 3이니, 가운데 격자 천 자리에 산대 3개를 내려놓는다. 다음으로 3·6은 18이니 1800을 내려놓는다.
합하면 4800냥을 얻는다.

以三百爲元數 以斤法一十六爲法數
先呼百步之二 將法數進二位 上下對呼一三如三 下三筭於中格千位 次呼三六一十八 下一千八百
合得四千八百兩

☞ $300 \times 16 = 4800 \rightarrow 3 \times 1 = 3$ ($300 \times 10 \rightarrow 3000$)
$\rightarrow 3 \times 6 = 18$ ($300 \times 6 \rightarrow 1800$)
$\rightarrow 3000 + 1800 = 4800$

이 문제는 또한 신외가로 구해도 얻을 수 있다.
此一問以身外加求之亦得

【3】 예를 들어 직전[직사각형 밭]의 장[길이]이 36 보이고, 활[너비]이 24 보다. 넓이는 얼마인가?
답: 864 보

如云今有直田長三十六步闊二十四步 問該積步幾何 答曰八百六十四步

그림에 의지해서 산대를 펼치자.

依圖布筭

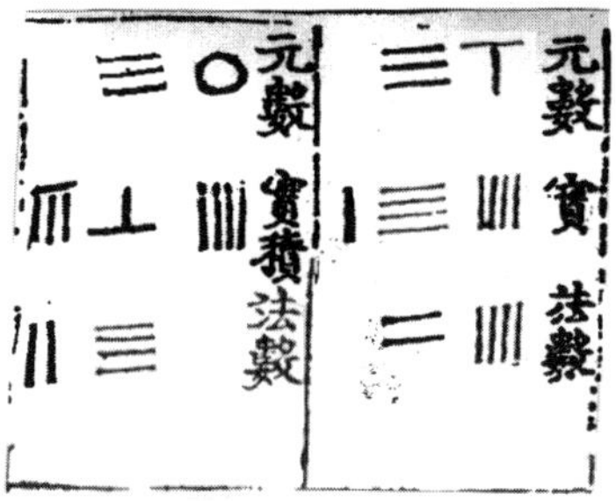

	3	0	원수		3	6	원수
8	6	4	실적	1	4	4	실
2	4		법수		2	4	법수

장 36을 원수로 삼고, 활 24를 법수로 삼는다.
먼저 법수와 원수를 가지고 6을 짝하여 부르면, 2·6은 12고, 4·6은 24다. 가운데 격자에 144를 내려놓는다.
위 격자에서 6을 제거한다. 수가 이루어져 끊어진 것은 버린다.

以長三十六爲元數 以濶二十四爲法數
先以法數與元首六對呼 二六一十二 四六二十四 下一四四於中格
上格去六 數成切者去

다음으로 법수는 한 자리를 나아가고 원수 30을 짝하여 부르면, 2·3은 6과 같고 3·4는 12다. 가운데 격자에 720을 내려놓는다.

합해서 모두 864를 얻는다.

次將法數進一位與元數三十對呼二三如六 三四十二 下七百二十於中格
合得八百六十四步

☞ 36×24=864 → 2×6=12, 4×6=24

(20×6 → 120, 4×6 → 24, 120+12=144)

→ 2×3=6, 4×30=12

(20×30→ 600, 4×30→ 120, 600+120=720)

→ 720+144=864

이 문제는 또한 유두승으로 구해도 얻을 수 있다.

此一問以留頭乘求之亦得

☞ 보승법에 대한 다른 설명은『묵사집산법』천의「포산선습문」을 참조하라.

2.1.2 상제 商除

상제는 음의 정이다. 가운데에 실수가 얼마인지 놓고, 아래에 법수가 얼마인지 놓는다. 약수를 위에 놓고 상이라 부르고, 법수와 상준한다. 나눠서 실수를 얻는다. 수가 많은 것은 상을 계속하여 법을 채우지 않으면 그것을 나눈다. 상의 자리는 앞이고 법수의 10과 100을 본다. 1000을 100으로 나누면 10이고, 100을 100으로 나누면 1이다. 먼저 실적의 앞자리를 따라서 계산을 시작한다. 실수의 자리가 많은 것은 법수가 차차 자리에서 물러난다. 법이 크고 실이 작으면 한 자리 차이가 난다. 보승으로 환원된다. 제법은 하나됨에서 생긴다. 『구장산경』에서 실과 법이 같으면 1이라는 것은 바로 이것이다.

(풀어서 말하면, 명이라는 것은 법은 분모로 삼고, 실은 분자로 삼는 것을 말한다. 명은 몇 분지 몇이라 한다.)

(이 세 문제의 도식은 뒤에 갖춘다.)

商除者陰之正 中列實數幾何 下列法數幾何 約數上列名爲商與法數相準 除得實數 數多者續商 不滿法則命之 商位之前却視法數之十百 百除千得十 百除百得一 先從實積首位起筭 實數位多者法數次次退位 法多實少則差一位 以步乘還原 除法生於而一 筭經所謂實如法而一者是也

(解曰 命之謂以法爲母以實爲子 命爲幾何分之幾何也)

(姑設三題圖式具後)

【4】 역괘는 384 효이고, 매 6 효는 한 괘를 이룬다.
괘의 수는 얼마인가?
답: 64 괘

如云易卦三百八十四爻 每六爻成一卦 問卦數幾何
答曰 六十四卦

그림에 의거해서 산대를 펼치자.

依圖布筭

상		6	4	상		6	
여실		2	4	실	3	8	4
법			6	법		6	

384를 실로 두고 6효를 법으로 둔다. 법수는 마땅히 300과 짝을 이루어야하는데, 3은 적고 6은 많으므로 한 자리가 차이 난다.
윗줄의 상 60을 짝하여 부르면 6·6은 36이니, 실 360을 빼면 여실[남은 실]이 24다.

置三百八十四爲實 以六爻爲法 法數宜對三百而三少六多故差一位
上商六十對呼六六三十六除實三百六十餘實二十四

여실[남은 실] 24를 두고 법수는 자리를 물러난다.
계속해서 위 격자 60의 오른쪽에 상 4를 놓는다. 짝하여 부르면 4·6은 24니, 여실[남은 실]은 모두 없어진다.
위의 상은 합해서 64를 얻으니, 이것이 문제에서 물은 중괘의 수다.

置餘實二十四法數退位
續商四於上格六十之右對呼四六二十四餘實恰盡
上商合得六十四卽所問重卦之數

이 문제는 귀법으로 구해도 얻을 수 있다.

此一問以歸法求之亦得

☞ 384÷6=64 → 6×6=36 (60×6→360, 384−360=24)
→ 4×6=24 (24−24=0)
→ 60+4=64

【5】 예를 들어, 백미 5475 말이 있는데, 섬으로는 얼마인가?
답: 365 (우리 나라에서 섬법은 15말을 사용한다.)

如云今有白米五千四百七十五斗 問該幾石
答曰 三百六十五石 石法用東俗十五斗

☞ 1 섬=15 말

그림에 의거해서 산대를 펼치자.

依圖布筭

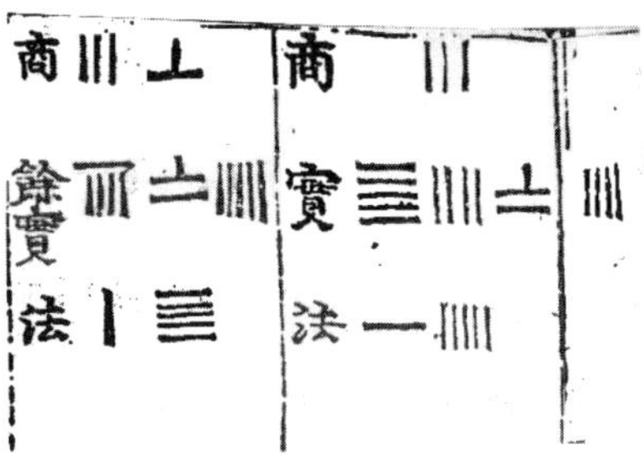

상	3	6			상		3		
여실	9	7	5		실	5	4	7	5
법		1	5		법	1	5		

적을 실로 놓고, 섬법 15로 법수를 삼아, 실의 처음 자리를 아래로 나아간다.
위의 상 300과 법수를 짝하여 부르면 1·3은 3, 3·5는 15다. 실에서 4500을 제하면 여실[남은 실]이 975다.

置積爲實 以石法一十五爲法數 進位於實首之下
上商三百與法數對呼 一三如三 三五一十五 除實四千五百 餘實九百七十五

여실[남은 실] 975를 두고, 법은 한 자리 물러난다.
초상의 오른쪽에 속상 6을 놓고, 짝하여 부르면 1·6은 6이고, 6·5는 30이다. 실에서 900을 빼면 여실[남은 실]이 75다.
법은 한 자리를 물러난다.
차상의 오른쪽에 속상 5를 놓고 짝하여 부르고, 실에서 빼면 모두 없어진다.
위의 상을 모두 합하면 365섬을 얻는다.

置餘實九七五法退一位
續商六十於初商之右對呼一六如六五六三十除實九百餘實七十五
法退一位
續商五於次商之右對呼 除實恰盡
上商合得三百六十五石

☞ $5475 \div 15 = 365 \rightarrow 1 \times 3 = 3,\ 3 \times 5 = 15$

$(10 \times 300 = 3000,\ 5 \times 300 = 1500 \rightarrow 5475 - (3000 + 1500) = 975)$

$\rightarrow 1 \times 6 = 6,\ 5 \times 6 = 30$

$(10 \times 60 = 600,\ 5 \times 60 = 300 \rightarrow 975 - (600 + 300) = 75)$

→ 1×5=5, 5×5=25

(10×5=50, 5×5=25 → 75−(50+25)=0)

→ 300+60+5=365

이 문제는 또한 신외감법으로 구해도 얻을 수 있다.

此一問以身外減求之亦得

【6】 돈 74589 문이 있는데, 345 명에게 그것을 나눠주려고 한다.
한 사람이 각각 얼마를 얻겠는가?
답: 각각 216 $\frac{69}{345}$ 문, 약분하면 216 $\frac{1}{5}$ 문.

如云今有錢文七萬四千五百八十九文 今三百四十五人分之 問每人各得幾何
答曰 各得二百一十六文 三百四十五分文之六十九 約之卽五之一

그림에 의지해서 산대를 펼치자

依圖布筭

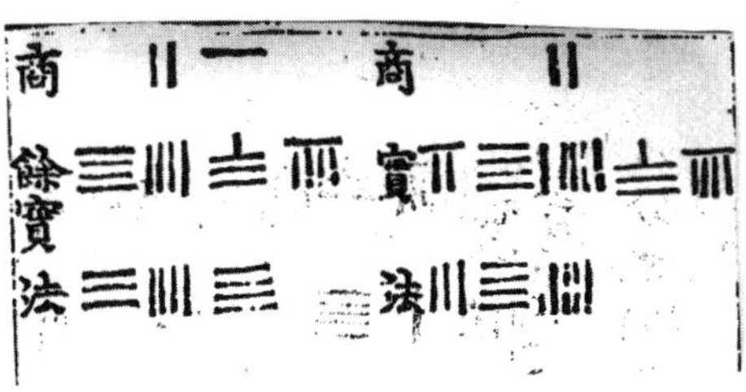

구수략 갑

상		2	1			상			2		
여실	5	5	8	9		실	7	4	5	8	9
법	3	4	5			법	3	4	5		

돈 문을 실로 두고, 345명을 법으로 삼는다. 실의 처음 아래로 자리를 나아간다.
먼저 십 1 백 2를 부른다. 위상 200을 짝하여 부르면 2·3은 6이 되고, 2·4는 8이 되고, 2·5는 10이 된다. 실에서 69000을 빼면, 실 5589가 남는다.
법은 한 자리 물러난다.
초상의 오른쪽에 속상 10을 놓고 짝하여 부르면 1·3은 3이고 1·4는 4이고 1·5는 5다.
실에서 3450을 빼면 여실[남은 실]이 2139다.
법은 한 자리 물러난다.
차상의 오른쪽에 속상 6을 놓고 짝하여 부르면 3·6은 18이고, 4·6은 24고, 5·6은 30이다. 실에서 2070을 빼면 69가 부진[나머지]인데, 그것을 분수로 나타내면 $\frac{69}{345}$가 된다.

置錢文爲實 以三百四十五人爲法 進位於實首之下
先呼十一百二
上商二百對呼二三爲六二四爲八二五一十除實六萬九千餘實五千五百八十九法退一位
續商一十於初商之右對呼一三如三一四如四一五如五
除實三千四百五十餘實二千一百三十九
法退一位
續商六於次商之右對呼三六一十八四六二十四五六三十
除實二千七十不盡六十九命爲三白四十五之六十九

☞ $75489 \div 345 = 216\frac{69}{345}$ (=216.2)

→ $2\times3=6,\ 2\times4=8,\ 2\times5=10$

$(200\times300=60000,\ 200\times40=8000,\ 200\times5=1000$

→ $75489-(60000+8000+1000)=5589)$

→ $1\times3=3,\ 1\times4=4,\ 1\times5=5$

$(10\times300=3000,\ 10\times40=400,\ 10\times5=50$

→ $5589-(3000+400+50)=2139)$

→ $6\times3=18$, $6\times4=24$, $6\times5=30$

$(6\times300=1800$, $6\times40=240$, $6\times5=30$ → $2139-(1800+240+30)=69)$

→ $\frac{69}{345}$

→ $200+10+6+\frac{69}{345}=216\frac{69}{345}$

이 문제는 또한 귀제법으로 구해도 얻을 수 있다.

此一問以歸除求之亦得

☞ 상제법에 대한 다른 설명은『묵사집산법』천의「포산선습문」을 참조하라.

2.1.3 승제구결 乘除口訣

십은 1보(보가 1), 백은 2보, 천은 3보, 만은 4보다.
위아래를 서로 곱해, 가운데에 적수를 놓고, 이것을 영산이라 부르니 삼재가 갖추어졌다.
제법을 구하려면 먼저 법과 실을 정하고, 실적은 가운데, 법수는 아래에 펼친다.
십은 1, 백은 2, 천은 3, 만은 4, 약수의 위는 상이며, 아래가 많으면 자리를 물러난다.

十步之一百步之二　千步之三萬步之四
上下相乘中列積數　是謂影筭三才乃具
若求除法先定法實　實積中布法數下列
十一百二千三萬四　約數上商下多退位

풀어서 말하면, 곱셈할 때 위 격자에 10이 있으면 한 자리 나아가고 100을 보면 두 자리 나아간다. 나머지도 이와 같다. 위 격자에 소수가 있으면 법수는 자리를 물러난다. 나눗셈할 때 아래 격자에 10이 있으면 위의 상이 한 자리 물러나고 100을 보면 두 자리 물러난다. 나머지도 이와 같다. 법수에 다만 소수가 있으면 자리를 나아가고 상을 정한다. 산[법]을 배우려는 자는 마땅히 그것을 자세히 살펴야 한다.

解曰 乘筭上格見十則法進一位 見百則進二位 餘放此 上格有小數則法數退位 除筭下格見十則上商退一位 見百則退二位 餘放此 法數只有小數則進位定商 學筭者宣細推之

보승법에 대해 살펴보면, 양휘의 계산술은 실의 처음부터 계산을 시작한다. 그래서 근래의 산가들은 모두 이것을 주로 하고, 다만 승[곱셈]은 적은 것을 쌓아 많은 것을 완성하는 것은 뒷자리부터 곱해나간다. 제[나눗셈]는 많은 것을 감하여 적게 되었을 때 처음 자리를 따라 제거해 나간다. 승산[곱셈]은 차차 나아가는 법이며, 제산[나눗셈]은 차차 물러나는 법이니, 소식진퇴의 상과 딱 들어맞는다. 또 이 법과 상제는 짝이 되니 그 산대 펼치는 법은 모두 반대가 된 이후에 또한 처음으로 돌아간다는 뜻에 합치된다. 따라서 이상에서 자세히 서술한 것이다.
하고 뚜렷한 것은 말한 것과 같다.
또 보승을 살펴보면, 실의 처음이나 실의 마지막으로 구해도 모두 통하고 원수와 법수가 열을 바꿔도 통한다. 상제는 법실이 열을 바꾸는 것을 허용하지 않고 처음과 마지막이 섞이는 것을 용납하지 않는다. 이것은 또한 하늘[건]의 도는 변하고 땅[곤]의 덕은 안정되는 것에 합치하니 음양의 올바른 법칙이 된다는 뜻이다.

按步乘一法揚輝術從實首位起筭 故近世筭家皆主之 而但乘者積少成多從尾位乘起 除者減多爲少從首位除去 乘筭則次次進法 除筭則次次退法 方合於消息進退之象 且此法與商除爲配耦 其布筭之法一皆反對而后亦合於還原之義故詳著如右云
又按步乘以實首實尾推之而皆通 元數與法數換列而亦通 商除則法實不容換列首尾不容錯擧 此又合於乾道之變化坤德之安貞而爲陰陽之義也

2.2 음양변수 육법　　陰陽變數 六法

(육법은 각각 구결이 있다.)
(시구는 산서에 나와 있다.)

(六法各有口訣)
(詩句見筭書)

인법은 양이 1번 변한 것이고 혹은 구인이라 부른다. 법수가 한 자리인 것은 이것을 쓴다. 구귀로 환원된다.
가법은 양이 2번 변한 것이고, 즉 신외가다. 법수의 첫자리가 1인 것은 이것을 쓴다. 신외감으로 환원된다.
승법은 양이 3번 변한 것이고, 즉 유두승이다. 법수의 자리가 많은 것은 이것을 쓴다. 귀제로 환원된다.
(위의 세 가지 법은 모두 승법[곱셈]에 관련된다.)
(인법은 『산학계몽』에서 상승을 사용하는데, 양휘도 마찬가지다. 지금은 『산학통종』을 따라 하승을 사용한다.)

因法者陽之一變 或稱九因 凡法數單位者用此 以九歸還原
加法者陽之二變 卽身外加 凡法數首位有一數者用此 以身外減還原
乘法者陽之三變 卽留頭乘 凡法數位多者用此 以歸除還原
(右三法俱係乘法)
(因法啓蒙用上乘 揚輝同 今從統宗用下乘)

귀법은 음이 1번 변한 것인데, 혹은 구귀라 부른다. 인법으로 환원된다.
감법은 음이 2번 변한 것인데, 즉 신외감이다. 신외가로 환원된다.
제법은 음이 3번 변한 것인데, 즉 귀제다. 유두승으로 환원된다.

歸法者陰之一變 或稱九歸 以因法還原
減法者陰之二變 卽身外減 以身外加還原
除法者陰之三變 卽歸除 以留頭乘還原

산대를 늘어놓는 것에서 승[곱셈]은 원[수]의 끝을 따라 계산을 시작하고 제[나눗셈]는 실의 처음을 따라 계산을 시작한다. 십은 신에 해당하니 아래에 늘어놓는 것과 같다.
자리를 정하여 아래를 따라 곱하여 귀를 얻어 법을 따르고 앞에 영을 얻으면 가와 감 두 법이 하나가 되어 세지 않는다.
(풀어서 말하면 인법, 가법, 승법은 각 수 아래 자리에서 지아비의 첫 자리를 얻는데, 이것이 10과 같고, 100과 같은 것이 이것이다.
(귀법, 감법, 제법은 법수 앞 자리에서 상의 일의 자리를 얻는다. 냥과 섬이 바로 이것이다.)

布筭 乘兼從元尾起筭 除從實首起筭 言十當身言如下布
定位乘從每下得術歸從法前得零 加減二法去一不數
(解曰 因加乘從每數下位得夫之首位 如十如百是也)
(歸減除從法數前位得商之零位 如兩如石是也)

위 여섯 가지 법을 살펴보면 이격산이다. 윗열에서 실수는 하늘을 본떠 상징하고, 아래 열 법수는 땅을 상징한다. 인·가·승 삼법은 모두 상격을 변화시켜서 승수[곱한 수]가 된다. 귀·감·제 삼법은 모두 상격을 변화시켜서 제수를 얻는다. 하늘이 변하고 땅은 변하지 않는 것 또한 건은 움직이고 곤은 정지하는 뜻과 상응한다.
위의 육법이다. (임시로 만든 이 문제는 도식을 뒤에 갖춘다.)

按此六法卽二格筭也 上列實數象天 下列法數象地 因加乘三法皆變上格而爲乘數 歸減除三法皆變上格而得除數天變而地不變者亦應乾動坤靜之義
右六法 (各設一題圖式具後)

2.2.1 인법 因法

상제 첫 번째 문제를 빌려와서 뒤집은 문제다.

借商除第一問翻題

원	6	4
법		6

64를 원수로 삼고, 6을 법으로 삼는다.
먼저 4·6은 24라 부르면 원래의 신 4가 변하여 2가 되고, 아래 자리에 4를 더한다. 다음에 6·6은 36이라 부르면 원래 신이 변하여 3이 되고 아래 자리에 6을 더한다.
자리를 정하면, 괘수 아래 자리에 한 자리 수를 얻는다.
더해서 384를 얻으면 문제에 답한 것이다.

以六十四爲元數 以六爲法
先呼四六二十四 變本身四爲二 下位加四 次呼六六三十六 變本身六爲三下位加六
定位卦數下位得單數
倂得三百八十四合問

☞ $64\times6=384$ → $4\times6=24$ ⇒ $20+4$
→ $6\times6=36$ ⇒ $300+60$
⇒ $300+(60+20)+4=384$

☞ 인법에 대한 다른 설명은 『묵사집산법』 천의 「종횡인법문」을 참조하라.

2.2.2 가법 加法

상제 두 번째 문제를 빌려와서 뒤집은 문제다.

借商除第二問翻題

원	3	6	5
법		1	5

365를 원수로 삼고 15를 법으로 삼는다. 1은 버리고 사용하지 않는다. 5만 사용한다.
먼저 5·5는 25라 부르면, 원래 자리에 2를 더하고 아래 자리에 5를 더한다. 다음에 5·6는 30이라 부르면, 다음 자리 6을 취해 원래 자리에 3을 더한다. 다음 3·5는 15라 부르면, 원래 자리에 2를 더하고 아래 자리에 5를 더한다.
15는 모두 처음 자리 셋에 1을 더하고 아래 자리에 5를 더한다.
섬 아래 자리를 정하면 말 자리는 한 자리 수를 얻는다.
더해서 5475를 얻는다.

以三百六十五爲元數 以一十五爲法 去一不用只用五
先呼五五二十五就尾位五 本位加二 下位加五 次呼五六三十 就次位六 本位加三 次呼三五一十五 皆首位三 本位加一 下位加五
定位石下斗位得單數
併得五千四百七十五

☞ $365\times15=5475 \rightarrow 5\times5=25 \Rightarrow 25$

$\rightarrow 6\times5=30 \Rightarrow 300+25=325$

$\rightarrow 3\times5=15 \Rightarrow 1500+300+25=1825 \Rightarrow 1825+3650$

즉, 15에서 10은 버리고 365에 5를 곱한 것에 3650(365의 산대를 밀어 만든 것)을 더해서 5475를 얻는다.(1825+3650=5475)

☞ 가법에 대한 다른 설명은 『묵사집산법』 천의 「신외가법문」을 참조하라.

2.2.3 승법 乘法

상제 세 번째 문제를 빌려와서 뒤집은 문제다.

借商除第三問翻題

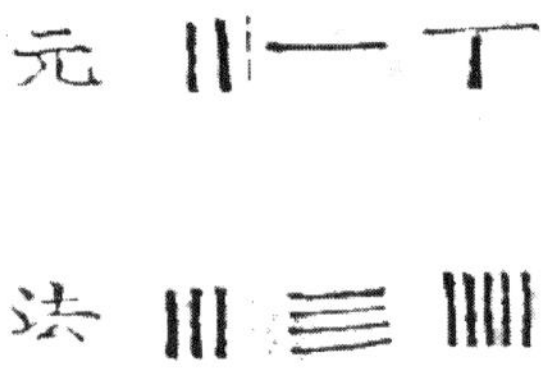

원	2	1	6
법	3	4	5

216을 원수로 삼고, 345를 법으로 삼는다.
먼저 법의 두 번째 자리, 4와 원수의 마지막 자리, 6을 짝하여 부르면 6·4는 24다. 자리를 밀어놓고 2를 더하고 자리를 뛰어 4를 더한다. 다음으로 법의 마지막 자리 5와 짝하여 부르면 5·6은 30이다. 자리를 띄어 3을 더한다. 법의 첫 자리 3을 짝하여 부르면 3·6은 18이다. 본래의 신을 변화시켜서 1로 삼고 아래 자리에 8을 더한다.
또 법수와 원수 둘을 서로 불러 곱해서 얻는다.
또 법수와 원수 둘을 서로 곱하면 하나의 자리를 얻고 그것은 앞의 식을 따른다.
자리를 정하면 냥 아래 전의 자리는 백수를 얻는다.
더해서 74520을 얻으면 문제에 답한 것이다.

以二百一十六爲元數 以三百四十五介爲法
先將法之次位四與元數末位六對呼四六二十四 挨身加二隔位加四 次將法之尾位五對呼五六三十 隔位加三 乃將法之首位三對呼三六一十八 變本身爲一下位加八
又將法數與元數二相呼乘得
又將法數與元數二相呼乘得 一位前式推之
定位兩下錢位得百數
併得七萬四千五百二十合問

☞ 216×345=74520

→ 6×4=24 ⇒ 240

→ 5×6=30 ⇒ 240+30=270

→ 3×6=18 ⇒ 1800 ⇒ 270+1800=2070

→ 1×345=345 ⇒ 2070+3450=5520

→ 2×345=690 ⇒ 5520+69000=74520

위의 세 문제 (모두 보승으로 구해도 통한다.)

右三題 (求以步乘皆通)

☞ 승법에 대한 다른 설명은『묵사집산법』천의「유두승법문」을 참조하라.

2.2.4 귀법 歸法

보승 첫 번째 문제를 빌려와서 뒤집은 문제다.

借步乘第一問翻題

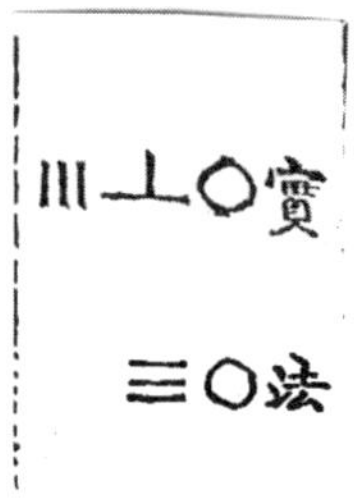

3	6	0	실
	3	0	법

일수[적일]를 실로 놓고 30을 법으로 삼는다. 먼저 3을 만나면 10이다[30을 3으로 나누면 10이다]. 실의 처음 30이 천의 자리로 나아가면 3이 변해 1이 된다.
다음에 3을 만나 10이면 2번 같은 일을 해서 60은 백의 자리에서 20이다.
더해서 12를 얻는다.
자리를 정하면 법 앞의 백의 자리는 0을 얻는다.

置積日爲實三十爲法 先呼逢三進一十 將實首三十進位於千變三爲一 次呼逢三進一十 二次去 六十進二十於百位
併得一十二
定位 法前百位得零數

☞ 360÷30=12

→ 300÷30=10 ⇒ 10

→ 60÷30=2 ⇒ 2

→ 10+2=12

☞ 귀법에 대한 다른 설명은 『묵사집산법』 천의 「귀제승실문」을 참조하라.

2.2.5 감법 減法

보승 두 번째 문제를 빌려와서 뒤집은 문제다.

借步乘第二問翻題

4 8 0 0 실

1 6 법

냥의 자리를 실로 놓고, 근법 16을 법으로 삼는다. 1은 버리고 사용하지 않는다. 단지 6만 사용할 뿐이다.
먼저 3000이 신이 되도록 정하면, 3·6은 18이다. 원래의 자리에서 1을 빼고, 아래 자리에서 8을 뺀다. 다할 때까지 뺀다.
자리를 정하면 법 앞의 십 자리는 영수를 얻는다.
또 다른 이름은 정신제라 한다.

置兩位實 斤法十六爲法 去一不用只用六
先定三千爲身呼三六一十八 本位除一 下位除八 恰盡
定位 法前十位得零數
一名定身除

☞ 4800÷16=300

→ 3000 (신외가법에 의해 300을 한 자리 옮겨 얻는다.)

→ 3×6=18 ⇒ 1800

→ 3000+1800=4800 ⇒ 4800−4800=0

☞ 감법에 대한 다른 설명은 『묵사집산법』 천의 「신외감법문」을 참조하라.

2.2.6 제법 除法

보승 세 번째 문제를 빌려와서 뒤집은 문제다.

借步乘第三問翻題

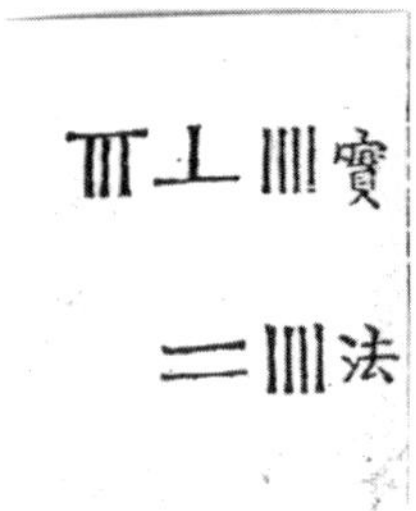

8	6	4	실
	2	4	법

적보[넓이]를 실로 놓고, 24를 법으로 삼는다. 2로 나누고 4로 나눈다. 먼저 2를 만나면 10이고, 을 나아가면 십은 삼이고, 다음은 실이 600이고 아래에 천 자리에서 삼등이 있고 법의 아래는 네 자리가 있다. 3·4는 12다. 1을 빼고 한 자리를 띄어서 2를 뺀다. 아래 자리에 실이 남은 실이 144다.

2를 만나 10을 나아가 법 20 아래에 백 자리에 산대 하나를 놓고 더하면 6이다. 4·6은 24다. 신을 밀어놓고 2를 뺀다. 자리를 떠서 4를 빼서 다할 때까지 뺀다.

더해서 36을 얻는다.

자리를 정하면 법 앞의 백의 자리는 0을 얻는다.

〈구귀구결〉은 산서에 나와 있다.

置積步爲實二十四爲法 二歸四除 先呼逢二進一十者三次去實首六百下三筭於千位 與法尾四對呼三四一十二挨推除一隔位除二 餘實一百四十四

次呼二一添?五變一百爲五 又呼逢二進一十法二十 下一筭於百位 併爲六 呼四六二十四 挨身除二 隔位除四 恰盡

併得三十六

定位法前百位得零數

九歸口訣見筭書

☞ $864 \div 24 = 36$

→ $30 \times 20 = 600$ ⇒ $864 = (30 \times 20) + 264$

→ $30 \times 4 = 120$ ⇒ $864 = (30 \times 20) + (30 \times 4) + 144$

→ $6 \times 20 = 120$ ⇒ $864 = (30 \times 20) + (30 \times 4) + (6 \times 20) + 24$

$\rightarrow 6\times4=24 \quad \Rightarrow \quad 864=(30\times20)+(30\times4)+(6\times20)+(6\times4)$

위의 세 문제 (모두 상제로서 구행도 통한다.)

右三題 (求以商除皆通)

보승과 상제를 살펴보면, 음양의 정수가 되는 것은 어자(말 모는 사람)가 모범적으로 말을 모는 것[범구/범례]과 같다. 인승과 귀제가 음양의 변수라는 것은 어자가 편법으로 말을 모는 것[궤우]과 같다. 그러나 정수는 삼격을 산대를 펼쳐서 법수가 진퇴해서 그 술이 번거롭고 실용적이지 못하고, 변수는 두 격자에 산대를 펴고 법수가 움직이지 않고 그 기술이 간단하면서도 빠르다. 그래서 세상의 계산을 배우는 자들은 대부분 전자를 버리고 후자를 취한다. 지금 산법의 여러 책을 보면 모두 인법과 귀법을 주로 하고 보승과 상제를 물리친다. 정도를 밝히기 어려운 것이 오래되었다. 풍천 임준 선생은 심오하게 영산이 상제산가의 왕도라고 말한 적이 있다. 어찌 본 바가 없는데 말한 것이겠는가? 그러나 변수 육법이 비록 정도가 아닐지라도 역시 옛사람들의 계산 법칙의 오묘함을 볼 수 있다. 「전」에 말하길 천 개의 지름길과 만 개의 좁은 길이 모두 나라에 도달한다고 하였으니 어찌 믿지 않겠는가?

按步乘商除爲陰陽之正數猶御者之範驅也 因乘歸除爲陰陽之變數猶御者之詭遇也 然正數布筭三格而法數進退其術繁以迂變數布筭二格而法數不動其術簡以捷故世之學筭者率多舍此而取彼見今筭法諸書俱以因歸爲主而絀步商正道之難明久矣 豐川任先生濬嘗言影筭商除筭家之王道夫豈無所見而言哉然變數六法雖非正道亦可見古人制筭之妙 傳曰千蹊萬經皆達於國豈不信與

3. 승제원류　乘除原流

승법[곱셈]은 누가[거듭 더하기]에서 생긴다.
원과 법을 승식[곱셈식]과 같이 늘어놓는다. 우선 아래의 법수를 중간 격자에서 원수에서 한 차례 빼고 1을 놓고, 또 아래의 법수를 다시 원수에서 한 차례 뺀 다음 1을 놓는다. 이와 같이 몇 차례 하다가 원수에 준해서 멈추면, 가운데 격자는 실적을 얻고 원수는 다 빼서 없어진다.

乘法生於絫加
列元法如乘式 先下法數於中格一次減元數一 又下法數一次再減元數一 如是者若干次準元數而止中格得實積 元數減盡

(문제의 숫자는 보승의 처음 문제를 사용한다.
12를 원으로 하고 30을 법으로 해서 법으로 누가할 때마다 원수를 뺀다. 세 번째에 이르면 실수는 90을 얻고 원수는 3이 빠지고 9가 남는다. 열두 번째에 이르면 원수는 모두 빼서 없어지고 실적은 360을 얻는다.
위는 누가다.)

(題數用步乘首問
以十二爲元以三十爲法以法累加之輒減元數到三次則實數得九十元數減三存九到十二次則元數減盡實積得三百六十
右累加)

(문제의 수는 앞과 같다.
법으로 앞의 식을 두 차례 누가 하면 실수는 60을 얻고 원수는 2가 빠져서 10이 남는다. 다음으로 곱하는 자리를 구한다. 1월이 30일이면 10월은 300일이 된다. 따라서 법이 한자리 나오는 것을 알 수 있다. 법으로 60의 왼쪽을 더하면 원수는 10이 빠지고 문제에 맞는다.
위는 자리를 정하고 계속 더한다.)

(題數同前

以法累加之如前武二次實數得六十元數減二存一十次求乘位如一月爲三十日則十月之爲三百可知故法進一位以法加六十之左元數減一十合問
右定位累加)

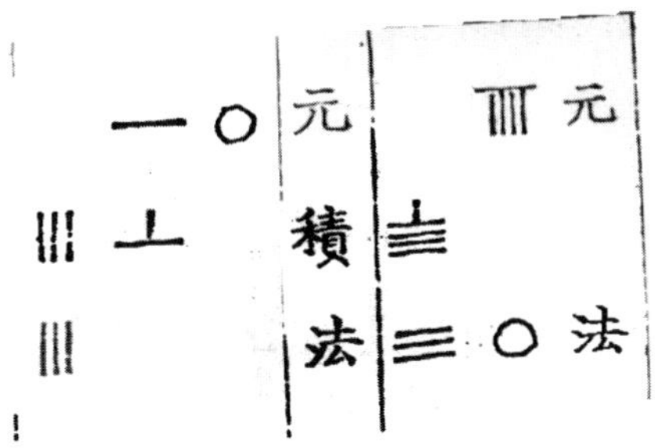

	1	0	원		9	원
3	6		적	9		
3			법	3	0	법

☞ 위의 그림에서 오른쪽은 12×30=360의 중간 계산 과정을 나타낸다. 원은 12에서 시작해서 법 30으로 누가할 때마다 가운데는 30씩 늘어나고 원은 1씩 줄어든다. 이 그림은 30씩 3번 늘어나 가운데는 90이고, 원은 12에서 3을 뺀 9다.

위의 그림에서 왼쪽은 오른쪽과 마찬가지로 12×30=360의 중간 계산 과정을 나타내지만 알고리즘이 다르다. 30을 두 번 누가하면 60이므로 원수에서 2를 빼면 10이다. 남은 300은 30을 신외가하여 나머지 답을 구할 수 있다.

제법[나눗셈]은 하나됨에서 생긴다.
제식[나눗셈 식]과 같이 법과 실을 늘어놓는다. 먼저 실을 법만큼 한 번 빼고 위 격자에 산대 하나를 놓는다. 또 실을 법만큼 한 번 더 빼고 다시 산대 하나를 놓는다. 이와 같이 하는 것이 나누는 것이 다 없어지는 횟수에 이르면 실수는 빼서 없어지고 위 격자에 구하는 수를 얻는다.

除法生於而一
布法實如除式 先減實如法一次下一筭於上格 又減實如法一次再下一筭 如是者若干次以除盡爲度 實數減盡上格得所求之數

(문제의 숫자는 보승의 두 번째 문제를 뒤집어서 사용했다.
냥을 실로 놓고 16을 법으로 삼는다.
먼저 법을 한 번 뺄 때 산대 하나를 위 격자에 놓으면 실은 4784를 얻는다. 또 법을 한 번 빼고 산대 하나를 놓으면 실은 4768이 남는다. 300번째에 이르면 실수는 빼서 없어지고 위 격자에는 300근을 얻는다.)
(위에서 하나되는 것을 또한 누감이라 한다.)

(題數翻用步乘第二問
置兩爲實一十六爲法
先減法一次輒下一筭於上格餘實四千七百八十四又減法一次下一筭餘實四千七百六十八到三百次則實數減盡上格得三百斤
右而一亦名累減

문제의 숫자는 앞과 같다.
먼저 나누는 자리를 구한다. 16냥이 1근이면 1600은 100근이 된다. 따라서 법이 두 자리 나옴을 알 수 있다. 1600을 빼고 위 격자 백의 자리에 산대 하나를 놓으면 실은 3200이 남는다. 세 번째에 이르면 실수는 빼서 없어지고 위 격자에는 300근을 얻는다.
오른쪽은 자리를 정해서 일이 된다.

題數同前
先求除位十六兩爲一斤則一千六百之爲百斤可知故法進二位減一千六百上格有位下一筭餘實三千二百到三次則實數減盡上格得三百斤
右定位而一

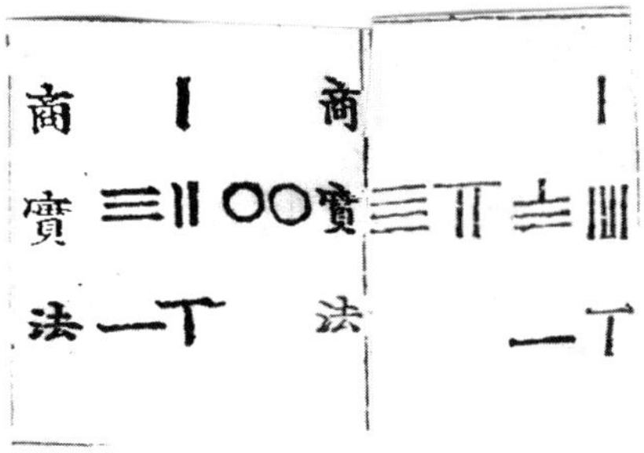

상		1			상				1
실	3	2	0	0	실	4	7	8	4
법	1	6			법			1	6

☞ 위의 그림에서 오른쪽은 4800÷16=300의 중간 계산 과정을 나타내다. 실 47684에서 16씩 누감할 때마다 가운데 실은 16씩 줄어들고 위의 상은 1씩 늘어난다. 이 그림은 16을 4800에서 1번 빼서 가운데 실은 4784이고, 위의 상은 1이다.

위의 그림에서 왼쪽은 오른쪽과 마찬가지로 4800÷16=300의 중간 계산 과정을 나타내지만 알고리즘이 다르다. 16 냥이 1근이므로 1600냥은 100근이라는 것을 먼저 생각해서 상을 백의 자리에서 시작한다. 실을 1600씩 빼고 상은 100씩 늘어난다. 이 그림은 4800에서 1600을 뺀 3200을 가운데 실에 놓고 위의 상에 100을 놓은 것이다.

인법은 손승에서 시작한다.
9를 곱하면 1을 덜고, 8을 곱하면 2를 덜고, 7을 곱하면 3을 덜고, 6을 곱하면 4를 덜고, 5를 곱하면 절반을 덜고, 4를 곱하면 6을 덜고, 3을 곱하면 7을 덜고, 2를 곱하면 8을 덜고 1을 곱하면 자리를 물러난다. 자리를 정하는 것은 인[곱셈]과 같다. (손승은 양휘의 『산보』에 있다.)

因法始於損乘
九因損一 八因損二 七因損三 六因損四 五因折半 四因損六 三因損七 二因損八 一因退位 定位如因 (損乘見楊輝筭寶)

이것은 감법[뺄셈]을 써서 곱을 구한다.
此用減法求乘

☞ 예를 들어, '8을 곱하면 2를 뺀다(八因損二)'는 $8 \times x = 10x - 2x$를 나타내는 것으로 뺄셈을 이용하여 곱을 구하는 것으로 볼 수 있다.

(양 354마리가 있는데 한 마리당 직전 4관이다. 돈은 얼마인가? 문제는 『산학계몽』에 있다.
법은 4를 곱해 6을 빼는 것을 사용한다.
먼저 원을 따라서 4개를 빼면 16이 남는다. 다음에 5개를 빼면 6을 곱하고, 다음에 3개를 빼면 6을 더한다. 모두 더해 1416관을 얻는면 문제에 답한 것이다.)
(위는 손승이다.)

(羊三百五十四頭 每頭直錢四貫 問錢題見啓蒙
法用四因損六
先從元 尾減四箇六餘一十六 次減五箇六 次減三箇六
併得一千四百一十六貫合問)
(右損乘)

☞ $354 \times 4 = 354(10-6) \rightarrow 40-(4 \times 6)=16$

$\rightarrow 500-(50 \times 6)=200$

→ $3000-(300\times6)=1200$
→ $16+200+1200=1416$

(비단 274필이 있다. 한 필은 48척이다. 척으로 얼마인가? 문제는 『산보』에 있다.
법은 52 손승[48을 곱해 52를 빼는 것]을 사용한다.
먼저 원을 따라 4개를 빼서 52를 곱한다. 다음에 7을 빼서 곱하고 다음에 2를 빼서 곱한다. 다 더하면 13152자를 얻으니 문제에 답한 것이다.)
(위는 여러 자리 손승이다.)

(絹二百七十四匹每匹四十八尺問尺題見筭寶
法用五十二損乘
先從元尾減四介五十二 次減法七介 次減法二介 併得一萬三千一百五十二尺 合問)
(右多位損乘)

☞ $274\times48=274(100-52)$ → $400-(4\times52)=400-208=192$

→ $7000-(700\times52)=7000-3640=3360$
→ $20000-(2000\times52)=20000-10400=9600$
→ $192+3360+9600=13152$

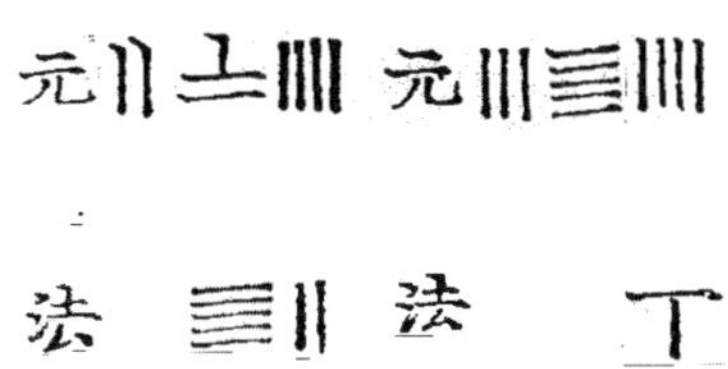

원 2 6 4	원 3 5 4
법 5 2	법 6

☞ 오른쪽은 $354\times4=354(10-6)$를, 왼쪽은 $274\times48=274(100-52)$를 나타낸다.

귀법은 익제에서 시작한다.
9를 나누면 1이 남고, 8을 나누면 2가 남고, 7을 나눈면 3이 남고, 6을 나누면 4를 남고, 5를 나누면 2배이고, 4를 나누면 6이 남고, 3을 나누면 7이 남고, 2를 나누면 8이 남고, 1이 남으면 자리를 나아간다. 자리를 정하는 것은 귀법과 같다.
(익제는 손승에 대비하여 이름을 만들었다.)

歸法始於益餘
九歸益一 八歸益二 七歸益三 六歸益四 五歸加倍 四歸益六 三歸益七 二歸益八 一歸進位 定位如歸
(益除對損乘而立名)

이것은 가법[덧셈]을 써서 제를 구한다.

此用加法求除

☞ 예를 들어, '8을 나누면 2가 남는다(八歸益二)'는 $\frac{n\times10}{8}=n+\frac{2n}{8}$를 나타내는 것으로 덧셈을 이용하여 나눗셈을 구하는 것으로 볼 수 있다.

(돈 4416관으로 비단을 샀다. 한 필이 직전 6관이었다. 몇 필인가? 문제는 『산학계몽』에 있다.
법은 6으로 나눠 4가 남는 것을 사용한다.
먼저 실의 첫 자리를 따라 4에 4를 곱한 것을 아래에 놓고 3에 6을 곱한 것을 3을 나아가 7을 만들고 다음에 2에 4를 곱한 것을 더해 아래에 놓고 1에 6을 곱한 것을 1을 나아가 3을 만들고 다음에 3에 4를 곱한 것 아래에 더해 아래에 놓고 3에 6을 곱한 것을 3을 나아가 6을 만든다.
모두 더해서 736필을 얻는다.)
(위는 익제다.)

(錢四千四百一十六貫買 羅每匹直錢六貫 問匹題見啓蒙
法用六歸益四
先從實首加四介四於下位起三介六進三作七 次加二个四於下位起一个六進一作三 次加三个四於下位起三介六進三作六

得七百三十六匹)
(右益除)

☞ 4416÷6=736을 $\frac{n\times10}{6}=n+\frac{n\times4}{6}$ 를 이용해서 푼다.

$\Rightarrow \frac{40\times10}{6}=40+\frac{40\times4}{6}$

$\rightarrow 400=40+\frac{40\times4}{6}$

(밭 면적이 2967보다. 길이는 69보다. 너비는 얼마인가? 문제는 『산보』에 있다.
법은 31 손제[69로 나눠 31이 남는 것]를 사용한다.
먼저 실을 따라 첫 자리에 2에 31을 곱한 것을 더해 아래에 이에 69를 곱해 4를 만든다.
다음에 2에 31을 곱해 아래에 더하고 69로 1을 나아가 3을 만든다.
모두 더해서 43보를 얻으니 물음에 답하였다.)
(위는 여러 자리 익제다.)

(田積二千九百六十七步元長六十九步問闊題見筭寶
法用三十一益除
先從實首加 二介三十一 於下位起兩介六十九進二作四 次加二介三十一於下爲起六十九進一作三
得四十三步合問)
(右多位益除)

☞ 2967÷69=43를 $\frac{n\times100}{69}=n+\frac{n\times31}{69}$ 를 이용해서 푼다.

$\Rightarrow 2000=20+\frac{20\times31}{69}$

$\rightarrow 20+(620+967)=20+(1587)$

$\rightarrow 40+207$ $[158=20+(2\times69)]$

$\rightarrow 40+2$ $[207=2+\{(2\times31)+7\}]$

$\rightarrow 42+1$ $[69=1\times69]$

$\rightarrow 43$

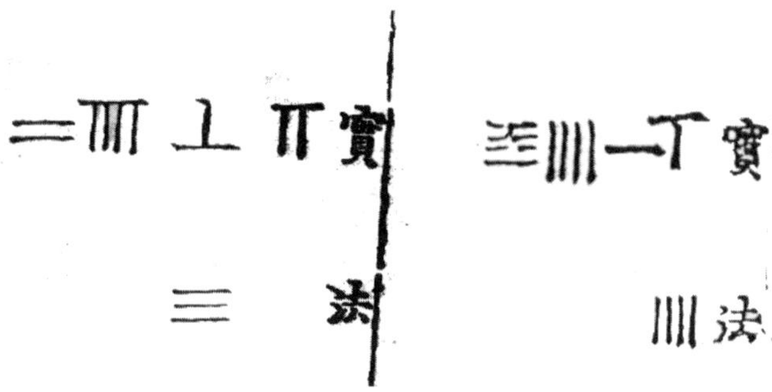

2	9	6	7	실	4	4	1	6	실
		3		법				5	법

☞ 오른쪽 그림은 4416÷6=736을 나타낸 것이고 왼쪽 그림은 2967÷69=43을 나타낸 것이다.

3.1 손익구결 損益口訣

곱하는 수는 1을 구하여 제한다.
인이 남으면 저절로 그 아래는 어그러지게 된다.
그것을 반으로 나누면 마땅히 5의 배수가 된다.
자리를 정하면 물러나면 의심할 것이 없다.
(위는 손승이다.)
(풀어서 말하면 3을 곱할 때 1을 만나면 1을 3으로 대치하고 7손을 사용하지 않는다. 3을 곱할 때 2를 만나면 2에 7을 곱해 빼고, 4를 곱할 때 3을 만나면 3에 6을 곱해 뺀다. 6을 곱할 때 5를 만나면 5는 3으로 대치된다. 7을 곱할 때 5를 만나면 5는 35로 대치된다)

乘數求除一　　因餘自下虧
半之當五數　　定位退無疑
(右損乘)
(解曰　三因見一則起一下三不用七損　二因見一則起一下二　三因見二損二介七　四因見三損三介六　六因見五起五下三　七因見五起五下三五)

나눗셈에서 10을 이룬다.
나누어서 나머지가 있으면 윗자리에 더하는 것이다.
반으로 나누는 것은 5로 대치된다.
자리수를 제대로 나아가면 의심할 것이 없다.
(위는 익제, 곧 귀법이다.)
(풀어서 설명하면 9를 나눌 때 9를 만나면 10으로, 8을 만나면 10으로 대치하고, 3을 나눌 때, 1을 보면 아래 자리에 7을 더하고 6을 만나면 2로 올리고, 4로 나눌 때, 1을 만나면 아래 자리에 6을 더하고 4를 만나면 1을 올리고 8로 나눌 때, 4를 만나면 5로, 7로 나눌 때, 35를 만나면 5로, 6으로 나눌 때 3을 만나면 5로 대치된다.)

除數求成十　　歸餘自上加
半而爲五計　　定位進無差
(右益除卽歸法)
(解曰九歸逢九成十　八歸逢八成十　三歸見一則下七　起六進二　四歸見一則下六　起四進一八歸遇四成五　七歸遇三五成　六歸遇三成五)

구일법이라는 것은 승제의 변법이다. 2와 3은 반으로 나누고, 4는 두 번 반으로 나누고, 5와 6 이상은 2배하면 반드시 그 법의 가장 큰 자리를 1이 되도록 구하는 것이다. 그러고 나서 신외가감을 써서 계산한다.

(풀어서 말하면 문제의 수는 본래 유승법과 귀제법을 사용할 것을 가감법으로 바꾸어 계산하는 법이다.
신[자리수]을 정하는 것은 다음과 같다.)

求一者乘除之變也 二三折半 四則再折 五六以上加倍 必求其法首之一數 乃以身外加減推之

(解曰題數本用留乘歸除者化作加減法
定身推之如式)

3.2 구일구결 求一口訣

(원과 실 두 글자는 서로 바꿔 써도 된다.)
(실거가 이르길 구일법을 써서 그것을 2배로 사용하는 것은 번잡하다. 귀제법의 간이함만 못한다.)

(元實二字互丈也)
(實渠云求一用倍之繁難不如歸除之簡易)

가[덧셈]를 사용해서 승[곱셈]을 대신한다.
법수는 반드시 1이 되도록 한다.
법을 2배로 할 때, 그 원은 절반으로 한다.
법을 절반으로 나눠 그 실을 2배로 한다.
위는 승법

감법[신외감법]을 사용해서 제를 대신한다.
1을 구하는 것은 승법과 같다.
법을 2배로 하여 실 또한 2배로 한다.
법을 절반으로 하여 원도 따라 절반으로 한다.
위는 제법

用加以代乘　　法首須求一
倍法半其元　　折法兩其實
右乘法

用減以代除　　求一如乘法
倍法實亦加　　半法元隨折
右除法

쌍일은 가감의 변화이다. 쌍은 짝수이고 일은 홀수이니, 홀수는 양이고 짝수는 음이다. 따라서 또 음양산이라고도 한다.

雙一者加減之變也 雙耦而一奇奇陽而耦陰 故又謂之陰陽筭

쌀이 3섬 5말이고 한 말의 값은 은 7푼이다.
쌀로 실을 삼으면 말의 값 7을 원으로 삼아, 법을 2배하여 14를 얻는데, 이것은 법의 2배다.
먼저 실의 마지막 자리 5말에 대하여 서로 불러 쌍하사배법을 의하여 그 말에 대하여 법의 자리 4와 곱하는데, 그 말 아래 1전 4푼은 다시 환원하면 1말에 7로 돌아온다.
2냥 4전 5푼이니, 문제에 답했다.
위는 쌍일가법이다.

如云米三石五斗 每斗價銀七分
以米爲實將斗價七爲原 法倍之得一十四爲倍法
先於實尾五斗上呼起雙下加倍法二斗挨身下一次位下四再起二斗下一錢四分如初各呼見一只還原起一斗隔位下七
次於三石上呼起雙下加倍起二石挨身加一次位加四却呼見一只還原去一石隔位加七
該得
二兩四錢五分合問
右雙一加法

☞ 쌍일가법은 금선탈각(金嬋脫殼)이라고도 한다.

☞ $35\times7=(35\div2)\times(2\times7)=1.75\times14=175+70=245$

예를 들어, 돈 2250문을 90명의 군인에게 지불하였다.
돈을 실로 놓고 90을 원수로 삼아, 그것을 2배로 하여 180을 얻는데, 이것이 배수다.
먼저 2000자리에서 가쌍하제하여 1800을 빼서 나머지 450을 얻는다.
다음으로 400에서 앞 자리에서 2를 얻고 실을 나눠 앞과 두 차례 하면, 실에서 90으로 빼서 다 없어지면 각각 25문에 해당된다.
위는 쌍일감법이다.

如云錢二千二百五十文支軍九十名
置錢爲實以九十爲原 數倍之得一百八十爲倍數
先於二千位前呼加雙下除倍下二筭除實一千八百餘實四百五十

次於四百前位下二筭除實如初二次却呼下一只除原除實恰盡每名該錢二十五文
右雙一減法

☞ $2250 \div 90 = (2 \times 2250) \div (2 \times 90) = 4500 \div 180 = 25$

3.3 쌍일구결 雙一口訣

이법은 구구결을 사용하지 않는다.
止法不用九九訣

2배로 시작하면 아래에 더하여 배로 한다.	起雙下加倍
1에서 보면 단지 원으로 돌아간다.	見一只還原
일을 배로 하고 신 아래로 밀어낸다.	倍一 挨身下
남으면 모두 아래 자리를 뛰어서 첨가한다.	餘皆隔位添
위는 가법	右加法

2배를 하면 아래에서 배로 나눈다.	加雙下除倍
아래에 일이 있고 원을 제한다.	下一只除原
1을 2배로 하고 신을 밀쳐서 감한다.	倍一挨身減
남으면 모두 격위(아래 자리)를 다른 자리로 바꾼다.	餘皆隔位遷
위는 감법	右減法

승제[곱셈과 나눗셈]은 본래 가감[덧셈과 뺄셈]에서 시작되어 인법과 귀법으로 변한다. 인법과 귀법은 손익에서 비롯하는데 변해서 쌍일이 된다. 가감[덧셈과 뺄셈]은 바탕이고 승제[곱셈과 나눗셈]는 무늬다. 무늬는 바탕에서 생기는가? 인법과 귀법은 교묘하고 쌍일은 질박한데, 정교한 것이 서툰 것으로 돌아가는가? 「전」에 말하길, "큰 수레도 바퀴살 없는 수레바퀴부터 시작되고, 불어난 얼음도 고인 물로 돌아간다."는 것은 이것을 말함이다.

乘除本於加減 變爲因歸 因歸昉於損益流爲雙一 加減質而乘除文 文生於質乎因歸巧而雙一 拙巧反於拙乎 傳曰大輅起於椎輪增氷反於積水此之謂也

가감승제[사칙연산]의 원천을 살펴보면, 손익과 쌍일은 승제의 지류이다. 손익은 산보에서 나왔다. 양휘는 하손이 승의 바뀐 이름이라고 생각했다. 혼귀는 귀법의 졸렬하지 않음을 드러낸 것이다. 쌍일은 『산학통종』에서 보이는데, 빈거는 이것이 바로 준자완아[벌레처럼 꿈틀거리는 것의 머리, 즉 머리가 나쁜 것을 일컫는다.]의 수라 배울 만한 것이 아니라고 말했다. 내가 생각하기에 손익은 교묘함 가운데 졸렬함이 있고, 쌍일은 졸렬한 가운데 교묘함이 있으니 모두 제산[계산규칙]의 정미로운 뜻을 볼 수 있다. 누가는 산서에 하나도 보이지 않는다. 이제 표장에서 산법이 생긴 유래를 볼 것이다. 손이 아래이고 익이 위인 것을 손이라 하고, 손이 위이고 익이 아래인 것을 익이라 하는데 이것은 역의 괘상과 합치된다. 손법은 감으로서 승이 되고, 익법은 가로서 제를 삼는다. 즉 양 중에 음이 있고, 음 중에 양이 있는 상이다. 손익은 10을 쓰고 9를 쓰지 않으니, 이것은 하도의 수다. 또 가감을 빌려와서 하나의 산을 세우니 즉 사상이다. 손익과 분배 이 두 법은 즉 삼재다. 쌍일가감 중에 각각 기와 우가 있으니 또한 사상이다. 원실 외에 쌍일을 병렬하면 이 또한 삼재이다. 이상과 어떤 경우든 들어맞지 않은 것이 없으니, 신기하다 할 만하다.

또 살펴보면, 계산문제로 두 문제를 만들어 놓은 것은 승제로 그것을 다 할 수 있다. 예를 들어 길이와 너비로 밭의 넓이 구하기, 근으로 냥을 구하기, 물건을 바꾸어 돈을 얻는 경우에 승법[곱셈]을 쓴다. 길이와 넓이로 너비를 구하기, 냥으로 근 구하기, 돈을 주고 물건 사기, 사람 수로 물건 나누기 같은 경우에 제법[나눗셈]을 쓴다는 것이 이것이다. 문제에 세 가닥 이상 여러 가닥이 있는 것, 혹은 홀 가닥으로 음수를 구하는 것은 그 변화가 무궁해서 따로 사상으로 그것을 구한다. 을편에서 간략하게 그것을 구한다.

按加減者乘除之源也損益雙一者乘除之流也 損益出於筭 寶揚輝以爲下損卽乘之易名混歸表歸法之不拙 雙一見於統宗 賓渠以爲此是蠢子頑兒之數 不足學愚以爲損益巧中有拙雙一拙中有巧俱可見制筭之精意 絫加而一不見於筭書今始表章以見筭法之所由起損下益上謂之損損上益下謂之益 (上下以筭位言) 合於易卦之象損法以減爲乘益法以加爲除卽陽中有陰陰中有陽之象損益用十而不用九是河圖之數也又加減借立一筭 (如乙論開方式) 則是四象也損益分排二

法　損益居下因歸左上 則是三才也雙一加減之中各有奇耦是亦四象也元實之外
竝列雙一是亦三才也　原法上下倍法居下 蓋無適而不與理象符契可謂奇矣
又接筭題有二股者乘除盡之矣 如以長闊求田積斤求兩及物賣錢之類用乘法
如以長積求闊兩求斤及錢買貨人分物之類用除法是也 題有三股以上至多股或
以單股求陰數者其變無窮別以四象求之略具乙編

4. 지분약법 之分約法

지분은 산술의 기요[요점이]다. 지는 [분]자의 수다. 분은 [분]모의 수다. 무릇 사물의 수에서 기령[나머지]이 있어 [나누어] 떨어지지 않는 것은 버려서 사용하지 않는 것은 환원될 수 없어 수로 삼기에 부족하다. 혹은 잡유[뒤섰여 어지러운 것]가 있어 가지런하게 하기 어려운 것은 섞이어 분별할 수 없으면, 실을 얻을 수 없어 수가 될 수 없다. 그러므로 반드시 첨가하고 빼고 합하고 덜어내는 법이 있다. 적당한 분모를 정하고 그 분자를 거느린 연후에야 가지런하게 하기 어려운 것은 가지런하게 할 수 있고, [나누어] 떨어지지 않는 것은 떨어지게 할 수 있다. 이것이 『구장산술』의 구장의 앞 부분에서 여러 부분으로 나누어 풀어 놓은 것이니, 양휘가 계산의 쓰임에 후금[중요한 것]으로 삼고, 주씨[1]가 계산을 시작하는 문으로 여긴 것이 바로 그러하기 때문이다. 합분, 감분, 과분, 평분 등의 법칙이 있다. 이제 표제에 몇 조항을 두고, 『천학초함』의 통문을 덧붙여서, 그 수를 지극히 하고 그 변화를 다 드러낸다. 「전」에 이르길 사물의 가지런하지 않음이 사물의 정이다. 『역』에 이르길 많은 것을 취하고 부족한 것을 더하는 것을 사물이 고르게 베푼다고 하였다. 가지런하지 않은 것은 하늘이고, 그것을 가지런하게 하는 것은 사람이다. 약분하는 것은 사람이 하늘을 마름질하는 것이다. 이것에 어둡고는 수를 말하기 어렵다.

之分者筭術之機要也　之者子數也　分者母數也　凡物之數或有奇零不盡者棄而不用 則無以還原而不足以爲數 亦或有雜糅難齊者混而不辨 則無以得實而不可以爲數　故必有添減併析之法　以定其母而製其子　然後難齊者可齊　不盡者可盡矣　此筭經所以設諸分於九章之首而楊輝以爲用筭之喉襟　朱氏以爲開筭之戶牖者然也　奮有合分減分課分平分等法　今設標題若于條附以天學通問以極其數而盡其變 傳曰物之不齊物之情也 易曰裒多益寡稱物平施 不齊者天也　齊之者人也 約分者以人而裁天者也 昧此則難乎語數矣　(分平聲)

1) 『산학계몽』의 저자 주세걸을 지칭하는 것이다.

4.1 표제 標題

(모두 10 단)
(凡十段)

[1] 수는 나누어 떨어지지 않는 것을 법으로 그것을 명하는 것은 몇 분지 몇이라 한다. 제수[나누는 수]가 [분]모가 되고 기수[나머지]가 [분]자가 되어, 법인 [분]모로 실인 [자]를 나눈다. 이것을 명분이라 부른다.

凡數除之不盡者以法命之曰幾分之幾 除數爲母奇數爲子 母法子實而一 是謂命分

[2] [분]모와 [분]자가 수를 쌓은 것이 매우 많으면 반드시 많은 것을 약해서[나눠서] 적은 것으로 끝낸다. [분]자와 [분]모를 서로 빼서, 법을 가지고 그것을 약한다[나눈다]. 이것을 약분이라 부른다.

如子母積數大繁者 則必約多以就寡 子母互減 以法約之 是謂約分

[3] 기령은 두 수가 있어 그 중 어느 것이 많고 어느 것이 적은가를 판별한다. [분]자와 [분]모를 서로 헤아려서, [분]모의 수들이 같으면 그 [분]자의 수들을 본다[분자가 큰 쪽이 크다]. 만약 [분]자의 수들이 같고 [분]모의 수들이 다르면 [분]모의 수가 작은 것이 [분]자에 큰 것이 돌아가고 [분]모의 수가 큰 것이 [분]자에 작은 것이 돌아간다. [분]자와 [분]모가 모두 다르면, [분]모와 [분]자를 서로 엇갈려 곱해서 그것을 비교한다. 이것을 과분이라 한다.

奇零有二數者辨其孰多孰寡 以子母互參 母數同則觀其子數 若子同而母異 則母小者子反大 母大者子反小 子母俱異 則母子互乘 以較之 是謂課分

[4] 양쪽의 [분]자가 [분]모와 다른 것은 [분]모를 합쳐서 그것을 비교한다. 양쪽의 [분]모를 서로 곱하여 공통[분]모를 삼는다. 다음에 양쪽의 [분]모를 양쪽의 [분]자에 엇갈려 곱해서 각각의 [분]자를 얻는다. 만약 서너 개의 분모와 분자가 같지 않은 것도 각 분모를 스스로 서로 두루 곱해서 아우르면 공통분모가 된다. 각각 원래의 [분]자로 그것을 곱하고, 원래의 [분]모로 그것을 나누면 각각의 분자를 얻는다. 이것을 합분이라 한다.

其兩子異母者併母較之 兩母相乘爲共母 次以兩母互乘兩子得各子 若三四母子不同者亦以各母自相徧乘併爲共母 各以原子乘之 原母除之 得各子 是謂合分

[5] 기수는 그것을 쪼갠 것과 또한 쪼개진 것이 있다. [분]자는 환원되어 [분]모가 된다. 분모도 많고 분자도 많은 것은 모는 서로 곱해서 법이 되고 [분]자는 서로 곱해서 실이 된다. 약분할 수 있는 것은 약분한다. 이것을 석분이라 한다.

奇數有析之又析者 子還爲母 以至多母多子母相乘爲法 子相乘爲實 可約者約之 是謂析分

[6] 정수가 기령[나머지]과 붙어 있는 것은 승제[곱하고 나누기]가 어렵다. 마땅히 정수는 [분]모의 수로 그것을 변화시켜 [분]자의 수와 더한다. 이것을 통분이라 한다.

凡整數帶奇零者難於乘除 將整數以母數化之併入子數 是謂通分

☞ 여기서 말하는 통분은 현재 사용하는 의미와 다르다.

[7] 수가 기령[나머지]이 있거나 많은 령[나머지]에 이르는 것은 더하고 합쳐서 하나로 만든다. 법을 채우면 그것은 정수로 돌아간다. 이것을

가분이라 한다.

數有奇零或至多零者加倂爲一 滿法則歸之整數 是謂加分

[8] 기수를 가지고 서로 빼는 것은 그 많고 적음을 살펴서 적은 것으로 많은 것을 뺀다. 만약 [분]모가 다르면 [분]자와 [분]모를 서로 엇갈려 곱해서 각각의 [분]자를 얻은 후에 서로 뺀다. 이것을 감분이라 한다.

以奇數相減者審其多少以小減多 若母異則子母互乘求得各子乃以相減 是謂減分

[9] 두 령[나머지]을 서로 곱하는 것은 모두 [분]모로 [분]모를 곱하고 [분]자로 [분]자를 곱한다. 령수[나머지]와 정수를 서로 곱하는 것은 1을 세워 정수의 [분]모로 삼거나 통분을 써서 그것을 곱하기도 한다. 이것을 승분이라 한다.

兩零相乘者皆以母乘母以子乘子 零數與整數相乘者立一爲整母 或用通分而乘之 是謂乘分

[10] 두 영[나머지]을 서로 나누는 것은 곱셈처럼 [분]자와 [분]모를 각각 곱해서 하나로 한다. 혹은 [분]모와 [분]자를 호승하여[엇갈려 곱해서] 원래 [분]모는 법이 되고 나누는 [분]모는 [분]자가 된다. 그것을 약분하면 제수[나눈 수]를 얻는다. 중령이 나누어떨어지지 않는 것은 큰 기수와 작은 기수를 놓고, 양쪽의 [분]모를 서로 곱해 총[분]모로 삼는다. 또 작은 기모로 큰 기자를 곱하고 작은 기자를 더해서 공통 [분]자로 삼는다. 즉 이것이 나누어떨어진 수이다. 약분할 수 있으면 약분한다. 이것을 제분이라 한다.

兩零相除者子母各乘如乘法而一 或母子互乘原母爲法除母爲子 約之得除數

4. 지분약법

其有重零不盡者列大小奇數 兩母相乘爲總母 又以小奇母乘大奇子 併入小奇子爲共子 卽是除盡之數 可約則約之 是謂除分

☞ $\dfrac{\frac{a}{b}}{\frac{c}{d}} = \dfrac{ad}{bc}$

【1】 예를 들어, 실 46을 놓고 7로 그것을 나누면, 4가 남으니 이것이 $\frac{4}{7}$이다.

如列實四十六以七除之 餘四是爲七分之四

【2】 예를 들어, $\frac{21}{56}$은 그것을 약분하면 $\frac{3}{8}$이 된다.

如五十六分之二十一約之爲八分之三

【3】 예를 들어, $\frac{3}{7}$과 $\frac{4}{7}$를 비교하면 4가 크고 3이 작다. 예를 들어, $\frac{1}{2}$과 $\frac{1}{3}$을 비교하면 전자는 반을 얻는데 후자는 반에 미치지 못한다. 예를 들어, $\frac{2}{3}$와 $\frac{6}{8}$을 비교하면 3과 6을 곱하면 18을 얻으니 크고, 2와 8을 곱하면 16을 얻으니 작다. ($\frac{2}{3} > \frac{6}{8}$)

如七之三較七之四則四多三少　如二之一較三之一則前子得其半後子不及半　如三之二較八之六 則三六相乘得十八爲多二八相乘得十六爲少

【4】 $\frac{2}{3}$와 $\frac{3}{4}$의 양 [분]모를 서로 곱해 12를 얻어 공통[분]모로 삼는다. 또 3과 3을 곱하면 9를 얻고, 2와 4를 곱하면 8을 얻으니 각각이 [분]자다. 예를 들어, $\frac{1}{2}$, $\frac{2}{3}$, $\frac{3}{4}$, $\frac{1}{5}$이면, 먼저 [분]모의 수를 아울러 2로 3을 곱하면 6을 얻고, 또 6으로 4를 곱하면 24를 얻고, 또 24로 5를 곱하면 120을 얻으니 공통[분]모가 된다. 여기에 맨 처음 [분]자 1로 그것에 곱하고, 첫 번째 [분]모 2로 그것을 나누면 60을 얻으니 그 [분]자가 된다. 두 번째 [분]자 2로 그것에 곱하고 두 번째 [분]모 3으로 그것을 나누면, 80을 얻으니 그 [분]자가 된다. 나머지도 이와 같다.

如三之二與四之三兩母相乘得十二爲共母　又三三乘得九二四乘得八爲各子　如二之一三之二

四之三五之一 則先併母數 以二乘三得六 又以六乘四得二十四 又以二十四乘五得一百二十爲共母 乃以首子一乘之首 母二除之得六十爲其子數 以次子二乘之 次母三除之得八十爲其子數 餘放此

【5】 예를 들어, $\frac{4}{7}$과 $\frac{1}{5}\times3$은 분모를 서로 곱하면 35를 얻고 분자를 서로 곱하면 12를 얻으니, 이것은 $\frac{12}{35}$가 된다. $\frac{1}{2}\times\frac{1}{6}\times1$과 $\frac{1}{4}\times3$과 $\frac{1}{3}\times2$를 곱하면 이것은 $\frac{6}{144}$이 되는데, 모수로 3 곱하기 4해서 12를 얻고 또 12 곱하기 6해서 72를 얻고 또 72곱하기 2해서 144를 얻으니 공통분모가 된다. 자수는 2곱하기 3해서 6을 얻고 또 6곱하기 1로 거듭 6을 얻고 또 곱하기 1하니 거듭 6을 얻는데 공통분자이다. 약분하면 $\frac{1}{24}$이다.

如七之四又五分四之三 母相乘得三十五 子相乘得十二 是爲三十五分之一十二 如二之一又六分一之一 又四分一之三又 三分三之二爲是一百四十四之六母數三乘四得十二 又十二乘六得七十二又七十二乘二得一百四十四爲共母數子數二乘三得六又六乘一仍得六 又六乘一仍得六爲共子數約之卽二十四之一

【6】 예를 들어, $7\frac{4}{5}$를 통분내자하면 $\frac{39}{5}$가 된다.

如七零五分一之四通分內子 是爲五之三十九

☞ 여기서 통분내자는 통분납자(通分納子)라 하기도 한다.

【7】 예를 들어, $\frac{4}{7}$에 $\frac{5}{7}$를 더해 $\frac{9}{7}$를 얻는다. 법을 채우는 것은 정수로 돌아가는 반면 [분]자의 수는 2가 남는다.

如七之四加七之五併得七之九 滿法者歸爲整數 尙餘子數二

【8】 예를 들어, $\frac{8}{17}$에서 $\frac{5}{17}$를 뺀다. 5를 빼면 3이 남는다. 예를 들어, $\frac{8}{9}$에서 $\frac{2}{3}$를 빼는 것은 [분]모를 서로 곱해 27을 공통[분]모로 삼는다. 각각 [분]자를 가지고 곱하고 [분]모로 나누면 앞의 [분]자는 24를 얻고 뒤의 [분]자는 18을 얻는다. 작은 것으로 큰 것을 빼면 6이 남는다.

如一十七之八減一十七之五 減五餘三 如九之八減三之二者 母相乘得二十七爲共母 各以子

乘 母除 前子得二十四 後子得十八 以少減多 尙餘六

【9】 예를 들어, $\frac{3}{4}$을 $\frac{2}{3}$에 곱한다. [분]모와 [분]자를 각각 곱하면, 이것이 $\frac{6}{12}$이다. 예를 들어, 8과 $\frac{4}{5}$를 곱한 것은 1을 세워서 정수 [분]모를 삼는다. 앞과 같이 [분]모는 [분]모와 곱하고 [분]자는 [분]자와 곱해서 $\frac{32}{5}$를 얻는다. 법을 채운 것은 정수로 돌아가 6과 $\frac{2}{5}$를 얻는다. 예를 들어, 8과 $3\frac{5}{6}$를 곱한 것은 정수 8은 1을 세워서 [분]모로 삼고 법수 3을 분자 안으로 통분하면 23을 얻는다. 앞과 같이 곱하면 $\frac{184}{6}$를 얻는다. 정수로 돌아가면 $30\frac{4}{6}$이다.

如四之三乘三之二 子母名乘 是爲一十二之六 如八乘五之四者 立一爲整母 依前 母乘母 子乘子 得五之三十二 滿法子歸爲整數 得六餘五之二 如八乘三零六之五者 整八立一爲母 法數三通分內子得二十三 依前乘得六之一百八十四 歸整得三十零六之四

【10】 예를 들어, $\frac{1}{6}$로 $\frac{1}{2}$을 나누면, 법과 실을 서로 곱해 $\frac{6}{2}$을 얻는다. 그것을 약분하면 $\frac{3}{1}$이다. 예를 들어, 6을 $\frac{2}{3}$로 나누면, 정수 6은 1을 세워 [분]모로 삼고 [분]자와 [분]모를 각각 곱하면 $\frac{18}{2}$이다. 그것을 약분하면 $\frac{9}{1}$다. 예를 들어, $4\frac{2}{3}$로 6을 나누려면, 정수 6은 1을 빌려와 [분]모로 삼고, 법수 4를 분자 안으로 통분해서, 각각 서로 곱하면 $\frac{18}{14}$를 얻는다. 그것을 약분하면 정수 1과 $\frac{2}{7}$다. 예를 들어, 4명이 $15\frac{2}{3}$를 분할하는 것은 각각 3으로 떨어지지 않고 정수 3과 $\frac{2}{3}$를 얻는다. 대기모 4와 소기모 3을 서로 곱해 12를 얻어 공통[분]모로 삼고, 소[분]모와 대[분]자를 곱하면 9가 되고 소[분]자 2와 더해 공통[분]자로 삼으면 $\frac{11}{12}$을 얻는다. 이것이 4명이 각각 얻은 수다.

如六之一除二之一 法實互乘 得二之六 約之 卽一之三 如六除三之二者 整六立一爲母 子母各乘 得二之一十八 約之 卽一之九 如四零三之二除整六者 整六借一爲母 法數四通分內子名相乘 得一十四之一十八 約之 整一零七之二 如四人剖一十五零三之二者 各得三不盡整三零三之二 大奇母四與小奇母三相乘得十二爲共母 小母乘大子得九 併小子二爲共子 得一十二之一十一 是爲四人名得之數

4.2 통문 通問

(『천학초함』에서 나온다.)

出天學初函

【1】 23을 빼면 47이 남는다. 원래 수는 얼마인가?

$\frac{4}{11}$를 빼면 $8\frac{2}{3}$가 남는다. 원래 수는 얼마인가?

답: 이것은 가법[덧셈]을 사용한다.

23을 47에 더하면 원래 수는 70이다.

$\frac{4}{11}$를 $8\frac{2}{3}$에 더하면 원래 수는 $9\frac{1}{33}$이 된다.

問減二十三餘四十七 原是幾數 又問減一十一之四餘八零三之二 原是幾數
答曰此用加法 以二十三加四十七 原是七十數也 以一十一之四加八零三之二
原是九零三十三之一也

☞ $x-23=47$ → (가법 사용) → $x=23+47$ → $x=70$

$x-\frac{11}{4}=8\frac{2}{3}$ → (가법 사용) → $x=\frac{11}{4}+8\frac{3}{2}$ → $x=9\frac{1}{33}$

【2】 87에서 얼마를 내감하[빼]면 남는 수가 26이 되는가?

$\frac{8}{13}$에서 얼마를 빼면 내감하[빼]면 남는 수가 $\frac{2}{7}$가 되는가?

답: 이것은 감법[뺄셈]을 사용한다.

87에서 26을 빼면 61이 남으니 남는 수를 얻는다.

$\frac{8}{13}$에서 $\frac{2}{7}$를 제하면 $\frac{30}{91}$이 남으니 남는 수를 얻는다.

問八十七內減幾何該餘二十六 又問一十三之八內減幾何該餘七之二
答曰卽用減法 就八十七內且減二十六餘六十一得餘數 就一十三之八內且除
七之二餘九十一之三十得餘數

☞ $87-x=26$ → (감법 사용) → $x=87-26$ → $x=61$

$\frac{8}{13}-x=\frac{2}{7}$ → (감법 사용) → $x=\frac{8}{13}-\frac{2}{7}$ → $x=\frac{30}{91}$

【3】 38을 더해서 83을 얻었다. 원래 수는 얼마인가?

또 $4\frac{8}{9}$을 더해서 $20\frac{1}{2}$을 얻었다. 원래 수는 얼마인가?

답: 이것 또한 감법[뺄셈]을 쓴다.

83에서 38을 내감하[빼]면 45가 남으니, 그것이 원래 수다.

20과 $\frac{1}{2}$에서 4와 $\frac{8}{9}$을 내감하[빼]면 $15\frac{11}{18}$이 남으니 원래 수다.

問加三十八得八十三 原是若干 又問加四零九之八得二十零二之一 原是若干
曰亦用減法 於八十三內減三十八尙餘四十五其原數也 於二十零二之一內減四零九之八尙餘一十五零一十八之十一其原數也

☞ $x+38=83$ → (감법 사용) → $x=83-38$ → $x=45$

$x+4\frac{8}{9}=20\frac{1}{2}$ → (감법 사용) → $x=20\frac{1}{2}-4\frac{8}{9}$ → $x=15\frac{11}{18}$

【4】 100과 349의 차이는 얼마인가?

또 $6\frac{1}{2}$과 $20\frac{3}{4}$의 차이는 얼마인가?

답: 이것은 곧 감법이다.

349에서 100을 내감하[빼]면 249가 된다.

$20\frac{3}{4}$에서 $6\frac{1}{2}$을 내감하[빼]면 $14\frac{1}{4}$이 된다.

問一百與三百四十九差幾何 又問六零二之一與二十零四之三差幾何
曰此卽減法 於三百四十九內減一百 是爲二百四十九 於二十零四之三內減六零二之一 是爲一十四零四之一

☞ 100과 349의 차 → (감법 사용) → $x=349-100$ → $x=249$

$6\frac{1}{2}$과 $20\frac{3}{4}$의 차 → (감법 사용) → $x=20\frac{3}{4}-6\frac{1}{2}$ → $x=14\frac{1}{4}$

【5】 어떤 수가 그것을 9로 나누면 34를 얻는가?

또 어떤 수가 그것을 $4\frac{1}{3}$로 나누면 $\frac{2}{3}$를 얻는가?

답: 이것은 승법[곱셈]을 사용한다.

9에 34를 곱해서 306을 얻으니 그 실수다.

$\frac{2}{3}$와 $4\frac{1}{3}$을 곱하면 정수 2와 $\frac{8}{9}$을 얻으니 그 실수다.

問何數除之以九而各得三十四 又問何數除之以四零三之一而各得三之二
曰此用乘法 九乘三十四得三百零六其實數也 三之二乘四零三之一得整二零九之八其實數也

☞ $x \div 9 = 34$ → (승법 사용) → $x = 9 \times 34$ → $x = 306$

$x \div 4\frac{1}{3} = \frac{2}{3}$ → (승법 사용) → $x = 4\frac{1}{3} \times \frac{2}{3}$ → $x = 4\frac{8}{9}$

【6】 30이 있는데 이것의 $\frac{3}{5}$은 얼마인가?

또 $4\frac{5}{7}$가 있는데 이것의 $\frac{1}{2}$은 얼마인가?

답: 이것은 또한 승법[곱셈]을 사용한다.

$\frac{3}{5}$으로 30을 곱하면 18을 얻으니 이것이 그 $\frac{3}{5}$이다.

(법에 의지해 [분]자 3을 가지고 30에 곱하고, 그것을 [분]모 5로 나눠 18을 얻는다. 문제에 답하였다.)

$\frac{1}{2}$로 $4\frac{5}{7}$을 곱하면 $2\frac{5}{14}$를 얻으니 이것이 그 $\frac{1}{2}$이다.

(법에 의지해 4를 변화시켜 5에 더해 $\frac{33}{7}$을 만든다. $\frac{1}{2}$과 $\frac{33}{7}$을 곱해 $\frac{33}{14}$을 얻는다. 그것을 약분하면 $2\frac{5}{14}$가 된다. 문제에 답하였다.)

問有三十於此其五之三是何數又問有四零七之五於此其二之一是何數
曰亦用乘法 以五之三乘三十得一十八 是其五之三也 (依法 以子數三乘三十得九十 以母數五除之 得一十八 合問) 以二之一乘四零七之五 得二零一十四之五 是其二之一也 (依法 化四併五爲七之三十三 以與二之一對乘併得一十四之三十三 約之爲二零一十四之五 合問)

☞ 30의 $\frac{3}{5}$ → (승법 사용) → $x=30\times\frac{3}{5}$ → $x=18$

$4\frac{5}{7}$의 $\frac{1}{2}$ → (승법 사용) → $x=\frac{33}{7}\times\frac{1}{2}$ → $x=\frac{33}{14}=2\frac{5}{14}$

【7】 48을 나누어 10을 얻었다. 제수[나눈 수]는 얼마인가?

또 $\frac{3}{7}$을 나누어 $\frac{2}{3}$를 얻었다. 제수[나눈 수]는 얼마인가?

답: 이것은 제법[나눗셈]에서 그것을 구한다.

10으로 48을 나누면 $4\frac{4}{5}$를 얻으니, 이것이 그 제수[나누는 수]다.

($4\frac{4}{5}$를 제수로 삼은 것은 법에 의지해서 정수를 변화시키고 자리를 엇갈려 승의 자수에 마주하게 한다. 서로 마주해서 곱한다. 그것을 곱해 [분]자 5와 48을 곱해서 240을 얻고 [분]모 24로 그것을 나눠 10을 얻는다.)

$\frac{2}{3}$로 $\frac{3}{7}$을 나누면 $\frac{9}{14}$를 얻으니 이것이 그 나누는 수이다.

($\frac{9}{14}$를 제수로 삼으면 9와 7을 곱하고 3과 14를 곱해 $\frac{42}{63}$를 얻어 그것을 약분해서 $\frac{2}{3}$다.)

問除四十八各得一十 其除數若干 又問除七之三各得三之二 其除數若干
曰此於除法求之 只以一十除四十八 該得四零五之四 是其除數 (以四零五之四爲除數者 依法 化整及倒位對乘之 子數五乘四十八 得二百四十 母數二十四除之 得一十合問) 只以三之二而除七之三該得一十四之九是其除數 (以一十四之九爲除數者以九對七 以三對一十四乘 得六十三之四十二 約之 三之二也)

☞ $48\div x=10$ → (제법 사용) → $x=48\div10$ → $x=4\frac{4}{5}$

$\frac{3}{7}\div x=\frac{2}{3}$ → (제법 사용) → $x=\frac{3}{7}\div\frac{2}{3}$ → $x=\frac{9}{14}$

【8】 17과 어떤 수를 곱해서 100을 얻는가?

또 $3\frac{1}{2}$에 어떤 수를 곱하면 $\frac{1}{4}$을 얻는가?

답: 이것은 제법[나눗셈]을 사용한다.

17로 100을 나누면 $5\frac{15}{17}$를 얻는다. 얻은 수로 제수[나누는 수]를 곱하면 원래의 100으로 환원된다.

정수 3과 령[나머지] $\frac{1}{2}$로 $\frac{1}{4}$을 나누면 $\frac{1}{14}$을 얻는다. 얻은 수로 제수[나누는 수]를 곱하면 원래의 $\frac{1}{4}$로 환원된다.

($\frac{1}{14}$과 $3\frac{1}{2}$을 곱해서 $\frac{7}{28}$을 얻는다. 그것을 약분하면 $\frac{1}{4}$이다.)

問一十七與何數相乘而得一百 又問三零二之一與何數相乘而得四之一
曰此用除法 以一十七而除一百當各得五零一十七之一十五 以得數乘除數還原一百矣 以整三零二之一而除四之一當各得一十四之一 以得數乘除數還原四之一矣 (一十四之一乘三零二之一 得二十八之七 約之 四之一也)

☞ $17\times x=100$ → (제법 사용) → $x=100\div17$ → $x=5\frac{15}{17}$

$3\frac{1}{2}\times x=\frac{1}{4}$ → (제법 사용) → $x=\frac{1}{4}\div3\frac{1}{2}$ → $x=\frac{1}{14}$ ($\frac{1}{14}\times3\frac{1}{2}=\frac{7}{28}=\frac{1}{4}$)

【9】 두 수를 곱해서 46을 얻었다 이것은 어떤 수들인가?

두 령[나머지]을 곱해서 $\frac{1}{2}$을 얻었다. 또 두 령[나머지]을 곱해서 $6\frac{3}{4}$을 얻었다. 이것은 각각 어떤 수들인가?

답: 제법[나눗셈]에 익숙하다면 변화하는 것에 따라 그것을 사용한다. 48을 나누는 것은 의미를 따라 하나의 수를 세운다. 예를 들어, 6으로 나누면 8을 얻어, 그것을 곱하면, 곧 6·8은 48이다. 예를 들어, 10으로 나누면 $4\frac{4}{5}$를 얻어, 그것을 곱하면 $\frac{240}{5}$이니 환원하면 48이다. ([분]모 5는 정수 4를 곱한 다음 [분]자에 더해 24를 얻는다. 10으로 곱하면 240을 얻는다. [분]모 5로 정수로 돌아가면 이것이 48이다.)

$\frac{1}{2}$을 나누는 것은 또한 수 하나를 세워 따른다. 예를 들어, $\frac{2}{3}$를 제수[나누는 수]로 삼으면 $\frac{3}{4}$을 얻으니, $\frac{3}{4}$으로 $\frac{2}{3}$를 곱하면 $\frac{6}{12}$을 얻고 약분하면 $\frac{1}{2}$이다.

$6\frac{3}{4}$도 역시 하나의 수를 세워 따른다. $3\frac{1}{2}$을 제수[나누는 수]로 사용하면 $1\frac{13}{14}$을 얻어, 그것을 곱하면 곧 $6\frac{21}{28}$을 얻는다. 그것을 약분하면 $6\frac{3}{4}$이다. $2\frac{3}{4}$을 제수[나누는 수]로 사용하면 $\frac{108}{44}$을 얻어, 그것을 곱하면 $\frac{1188}{176}$이고 약분이고, 약분하면 $6\frac{3}{4}$이다.

問兩數相乘得四十八是何數　又問兩零數相乘得二之一　又或得六零四之三者各是何數
曰熟於除法則隨變用之　其除四十八者隨意立一數　如以六數除　則各得其八乘之則六八四十八也　如以一十除　則各得其四零五之四乘之　乃五之二百四十還原四十八也　(母五乘整四併子得二十四　以一十乘得二百四十數　以母五歸整　是四十八)
其除二之一者亦隨立一數　如以三之二爲除　則各得四之三　以四之三乘三之二得一十二之六　約之則二之一矣　其六零四之三者亦隨立一數　如用三零二之一爲除則各得一零一十四之一十三乘之則六零二十八之二十一　約之六零四之三也　如用二零四之三爲除　則各得四十四之一百零八乘之　則一百七十六之一千一百八十八　約之亦六零四之三也

☞ $xy=48$ → (제법 사용) → $6\times8=48$

→ $10\times4\frac{4}{5}=\frac{240}{5}=48$

$xy=\frac{1}{2}$ → (제법 사용) → $\frac{2}{3}\times\frac{3}{4}=\frac{6}{12}=\frac{1}{2}$

$xy=6\frac{3}{4}$ → (제법 사용) → $3\frac{1}{2}\times1\frac{13}{14}=6\frac{21}{28}=6\frac{3}{4}$

→ $2\frac{3}{4}\times\frac{108}{44}=\frac{1188}{176}=6\frac{3}{4}$

【10】 두 수가 그것을 나누어[한 수로 다른 수를 나누어] 28을 얻었다. 또 두 령이 그것을 나누어 $\frac{5}{6}$를 얻었다. 그 수들은 얼마인가?

답: 이것은 승법[곱셈]을 사용한다. 역시 하나의 수를 세우는 뜻에 따라 그것을 곱한다. 예를 들어, 28은 6으로 그것을 곱하면 168을 얻는다. 곧 6으로 그것을 나누어 다시 28로 돌아간다.

예를 들어, $\frac{5}{6}$도 $\frac{1}{2}$로 그것을 곱하면 $\frac{12}{5}$를 얻는다. 곧 $\frac{1}{2}$로 그것을 나눠 다시 $\frac{5}{6}$로 돌아간다.

問兩數除之得二十八 又問兩零數除之得六之五 其數幾何
曰用此乘法 亦隨意立一數乘之 如二十八數 以六數乘之 得一百六十八 卽以六除之 仍歸二十八矣 如六之五者 以二之一乘之 得一十二之五 卽以二之一爲除 仍歸六之五矣

☞ $x \div y = 28$ → (승법 사용) → $28 \times 6 = 168$ → $168 \div 6 = 28$

$x \div y = \frac{5}{6}$ → (승법 사용) → $\frac{5}{6} \times \frac{1}{2} = \frac{5}{12}$ → $\frac{5}{12} \div \frac{1}{2} = \frac{5}{6}$

【11】 어떤 수에 7을 곱하고, 곱해서 나온 수에 8로 그것을 나눠 3을 얻는가?

또 어떤 수에 $\frac{2}{5}$를 곱하고, 곱해서 나온 수를 $\frac{3}{4}$으로 나누면 $\frac{1}{4}$을 얻는가?

답: 이것은 승과 제 두 법을 겸해서, 그것을 뒤집어 사용한다. 먼저 제수와 나누어서 얻은 수를 곱한다. 이 곱해진 수로 그것을 나누면, 그 나누어 얻은 수가 바로 구하는 수다.

가령 3과 8을 서로 곱하면 24를 얻고, 이것을 7로 나누면 $3\frac{3}{7}$을 얻으니 이것이 구하는 것이다.

가령 $\frac{3}{4}$과 $\frac{1}{4}$을 곱하면 $\frac{3}{16}$을 얻고 이것을 $\frac{2}{5}$로 나누면 $\frac{15}{32}$를 얻으니 이것이 구하는 것이다.

問何數以七爲乘而所乘出之數歸之以八而得三 又問何數以五之二爲乘而所乘出之數除以四之三而得四之一
曰此兼乘除二法翻用之 先以除數乘除得之數而以所云乘數除之其所除得數卽所求數也 假如三與八相乘得二十四 乃以七除之各得三零七之三 其所求矣 假如四之三與四之一相乘得一十六之三 乃以五之二除之各得三十二之一十五

其所求矣

☞ $x \times 7 \div 8 = 3$ → (승법/제법 사용) → $3 \times 8 = 24$ → $24 \div 7 = 3\frac{3}{7}$

$x \times \frac{2}{5} \div \frac{3}{4} = \frac{1}{4}$ → (승법/제법 사용) → $\frac{3}{4} \times \frac{1}{4} = \frac{3}{16}$ → $\frac{3}{16} \div \frac{2}{5} = \frac{15}{32}$

【12】 6이 54의 안에 있다. [이것을] 약분하면 몇 분의 몇인가?

또 $\frac{3}{5}$이 $\frac{9}{10}$의 안에 있다. [이것을] 약분하면 몇 분의 몇인가?

답: 이것은 약분을 사용한다. 영제법은 작은 것으로 큰 것을 나누니, 나누어 얻은 수가 바로 이것이다. 6으로 54를 나누면 9를 얻으니 곧 54에서 6은 $\frac{1}{9}$이다. (예를 들어, 54로 6을 나눈 것은 영제법에 의지해서 각각 수 하나를 세워 [분]모로 삼고 자리를 바꿔 마주하여 곱하면 $\frac{6}{54}$이다. 6으로 54를 나눈다. 이것에서 영제도위의 뜻을 밝힐 수 있다.) $\frac{9}{10}$로 $\frac{3}{5}$을 나누면 곧 자리를 뒤집어 엇갈려 곱하여 $\frac{30}{45}$을 얻는다. 그것을 약분하면 $\frac{9}{10}$에서 $\frac{3}{5}$이니, $\frac{2}{3}$다.

問六在五十四之內約是幾分之幾 又問五之三在一十之九內約是幾分之幾
曰此用約分 零除法以小除大 其所除得數 卽是也 以六除五十四各得九 則六於五十四乃九之一也 (假如以五十四除六者 依零除法 各立一數爲母 倒位對乘 乃五十四分之六 以六數而除五十四 於此可明零除倒位之義) 以一十之九而除五之三者倒位互乘得四十五之三十約之則五之三於一十之九乃三之二也

☞ 54 안에 6 → (약분 사용) → $6 \div 54 = \frac{6}{54} = \frac{1}{9}$

$\frac{9}{10}$ 안에 $\frac{3}{5}$ → (약분 사용) → $\frac{3}{5} \div \frac{9}{10} = \frac{3}{5} \times \frac{10}{9} = \frac{30}{45} = \frac{2}{3}$

【13】 6은 어떤 수의 $\frac{1}{9}$인가?

또 $\frac{3}{5}$은 어떤 수의 $\frac{2}{3}$인가?

답: 앞과 같이 영제법을 사용한다. $\frac{1}{9}$로 6을 나누면 법에 의해서 자리를 뒤집어 곱하면 54를 얻는다. 이 6이 54 중의 $\frac{1}{9}$이다. $\frac{3}{5}$으로 $\frac{2}{3}$를 나누면 법에 의해서 자리를 뒤집어 곱하면 $\frac{9}{10}$를 얻는다. 이 $\frac{3}{5}$이 바로 $\frac{9}{10}$ 중의 $\frac{3}{5}$이다.

問六數是何數中九之一 又問五之三是何數中三之二
曰同前仍用零除之法 但以九之一除六數 依法 倒位乘得五十四 是六乃五十四中九分之一也 但以五之三除此三之二 依法 倒位乘得一十之九 是五之三乃一十分之九中三之二也

☞ x 중에 6이 $\frac{1}{9}$ $\rightarrow$ $6 \div x = \frac{1}{9}$ $\rightarrow$ $x = 6 \div \frac{1}{9} = 54$

x 중에 $\frac{3}{5}$이 $\frac{2}{3}$ $\rightarrow$ $\frac{3}{5} \div x = \frac{2}{3}$ $\rightarrow$ $x = \frac{3}{5} \div \frac{2}{3} = \frac{9}{10}$

【14】 화법. 가령 1이 변화해서 8이 된다. 이제 7이 함께 변하면 얼마가 되겠는가?

또, 1이 변화해서 4가 되니 $\frac{3}{4}$이 있고, 이 $\frac{3}{4}$은 12분의 몇이냐?

또, 1이 변화해서 7이 되니 $\frac{3}{7}$이 있고 이 $\frac{3}{7}$은 8 중의 몇이냐?

답: 이것은 승법[곱셈]을 사용한다. 앞과 뒤의 수를 서로 곱해서 그것을 얻는다. 변화한 8을 물은 것은 7로 8을 곱해서 56을 얻으니, 이것이 변화된 수를 구한 것이다.

예를 들면 큰 곡 7말은 작은 곡 8말에 해당한다. 이제 큰 곡 3말은 작은 곡으로 계량하면 3말과 $\frac{3}{7}$을 얻는다.

또 중국은 하루를 100각으로 계산하고 서양은 96각으로 한다.
이제 서양의 31각은 중국의 30 몇 각에 해당하는가?
답: 곧 서양의 96이 모가 되고 31이 자가 되고 곱하면 중국의 분모

로 3100을 얻으니 이것은 $\frac{3100}{96}$이 된다.

96으로 나누면 $32\frac{28}{96}$각이 된다.

또 유수[공약수] 4를 찾아 약분하면 이것은 $\frac{7}{24}$각이다.

問化法 假如一化爲八 今七數共化幾分 又問以一化四見有四分之三 設以一化一十二此四之三者得一十二中之幾 又問以一化七見有七之三 設以一化八則此七之三者是八中之幾
曰此用乘法以前後數相乘得之 問化八者以七乘八得五十六 是所求其化數矣 問以化四較化一十二者 以前子四中之三與後母一十二倒位相乘得數 以前母除歸本數 (四升斤九) 卽後母之子數也 (一十二之九) 問以化七較化八者亦然以前子七中之三與後母八倒位相乘得數 (二十四) 以前母除歸本數 (三七二十一得整三數餘三不盡是零七之三) 卽後母之子數也 (後母八此母七中之三後母八中之三零七之三也)
譬如大斛七斗低小斛八斗今大斛三斗以小斛斗量之得三斗零七分斗之三
又如中國計日以百刻西洋以九十六刻 今問西洋之三十一刻當中國之三十幾刻 卽以西洋九卜六爲母三十一爲子却以中國之母倒下作子與之對乘得三千一百是爲九十六之三千一百 卽以九十六而除之得三十二刻零九十六之二十八再尋紐數四約之乃是二十四分刻之七也

☞ $96 : 100 = 31 : x$

☞ 여기서 각은 15분이다.

구수략 을

九數略 乙

5. 통론사상 統論四象

「전」에서 말하길 사물이 생긴 후에 상이 있고, 상 이후에 만물이 번성하고, 만물이 번성한 이후에 수가 있다. 수는 일에서 근원하는데 일이 태극이 된다. 1이 2를 낳으니 양의[1]고, 2가 4를 낳으니 사상[2]이다. 총괄해서 말하면 가감승제는 산법의 사상이고, 나누어서 말하면 사상은 각각 사수를 갖춘 것이다. 양의 양은 태양이 되고, 음의 음은 태음이 되고, 음의 양은 소양이 되고, 양의 음은 소음이 된다. 태양은 일이고 태음은 월이고 소양은 성이며 소음은 신이다. 하늘과 땅 사이에 오직 사상만이 있을 따름이다. 수의 이치가 비록 지극히 심오하다 할지라도 어찌 이것에서 벗어나겠는가? 이제 사상에 새로운 뜻을 밝혀서 『구장산술』의 모든 법칙들을 풀고자 하니, 보는 사람은 새로운 설을 만든다고 말하면서 홀대하지 말라.

傳曰 物生而后有象 象而后有滋 滋而后有數 數原於一 一爲太極 一生二兩儀也 二生四四象也 總(=總)以言之 加減乘除爲筭法之四象 分以言之 四象各具四數 陽之陽爲太陽 陰之陰爲太陰 陰之陽爲少陽 陽之陰爲少陰 太陽爲日 太陰爲月 少陽爲星 少陰爲辰 天地之問只有四象而已 數之理雖至深至賾亦豈外於此哉 今發四象新義以解九章諸法 觀者毋謂創說而忽諸

1) 양의는 음(陰)과 양(陽)을 지칭한다.
2) 사상은 태양(太陽), 태음(太陰), 소양(小陽), 소음(小陰)을 지칭한다.

5.1 사상정수 四象正數

일일 日一
정의 정 正之正
이 몇 가지 문제는 법과 실 두 가닥이 있다.
此數題有法實二股者

태양	1	누가 [거듭 더한다.]
태음	2	누감 [거듭 뺀다.]
소양	3	상승 [서로 곱한다.]
소음	4	상제 [서로 나눈다.]

太陽一	絫加
太陰二	絫減
少陽三	相乘
少陰四	相除

5.1.1 태양수 太陽之數

일의 일 一之一

누가. [거듭 더한다.]
가[덧셈]는 양이고, 누가[거듭 더하는 것]는 승[곱셈]의 시작이다. 이것을 태양수라 한다.

絫加
加爲陽 絫加乘之始也 是謂太陽之數

일	일률	원수	(차산)
월	이율	법수	(법)
성	삼률	현수	(실)
신	사율	은수	(실적)

日一率	元數	(借筭)
月二率	法數	(法)
星三率	顯數	(實)
辰四率	隱數	(實積)

☞ 법수 : 원수 = 현수 : 은수

【1】 예를 들어 1 년에 12 달이 있고 매달은 30 일이라 하자.
1 년은 며칠인가?
답: 360 일

如云一歲有十二月 每月三十日 問一歲日數幾何
答曰 三百六十日

그림에 의거하여 산대를 늘어놓자.

依圖布筭

일 1
이 30
삼 12
사 360

一 一
二 三十
三 十二
四 三白六十

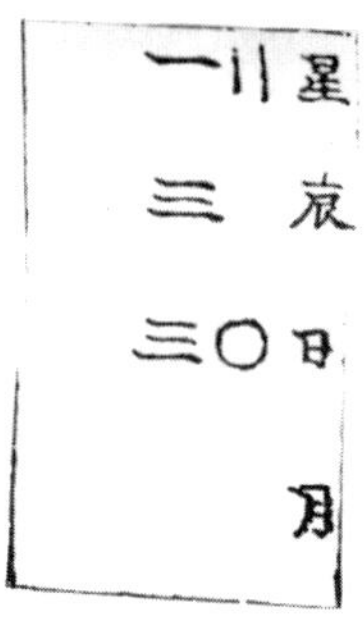

1 2 성
3 신
3 0 일
월

누가[거듭 더하는 것]는 산대 하나를 빌려서 수율로 삼고, 법수를 차율로 삼고, 실수를 삼률로 삼는다. 차율로 계속해서 더하는데, 수율로 실수에서 뺀 수에 준해서 멈추면 적수[총합]인 사율을 얻는다.
처음으로 돌아가려면[환원은] 누감[거듭 빼는 것]을 사용한다.

絫加 借一筭爲首率 以法數爲次率 以實數爲三率 以次率絫加之 輒以首率減實數 準其數而止 得四率積數
還原用絫減

☞ 1(수율) → 30(차율, 법) → 12(삼률, 실)
→ 30+30+30+⋯+30 (법 30에 12-1(삼률-일률)번 더한다.)
→ 360(사율)

비례식 $x : y = a : b$ 에서 x를 수율, y를 차율, a를 삼률, b를 사율이라 하는데, 저자는 이를 누가로 이해하고 있다. 그러나 수율을 1, 차율을 30, 사람을 12, 사율을 x로 하면 $1 : 30 = 12 : x$에서 $x = 30 \times 12$를 얻는다. 이 방법은『구장산술』에서도 이미 사용하고 있는 방법이다.

5.1.2 태음수 太陰之數

이의 일 二之一

누감. [거듭 뺀다.]
감[뺄셈]은 음이고, 누감[거듭 빼는 것]은 제[나눗셈]의 시작이다. 이것을 태음수라 한다.

紊減
減爲陰 紊減除之始也 是謂太陰之數

일	일률	원수	(차산)
월	이율	법수	(법)
성	삼률	현수	(실적)
신	사율	은수	(상산)

日一率	元數	(借筭)
月二率	法數	(法)
星三率	顯數	(實積)
辰四率	隱數	(商筭)

☞ 법수 : 원수 = 현수 : 은수

【1】 예를 들어, 1 년은 360 일이고 30 일이 한 달을 이룬다.
(1 년은) 몇 달인가?
답: 12 달

如云歲有三百六十日 每三十日成一月 問月數幾何
答曰 十二月

그림에 의거하여 산대를 늘어놓자.
依圖布筭

일 1
이 30
삼 360
사 12

一 一
二 三十
三 三百六十
四 十二

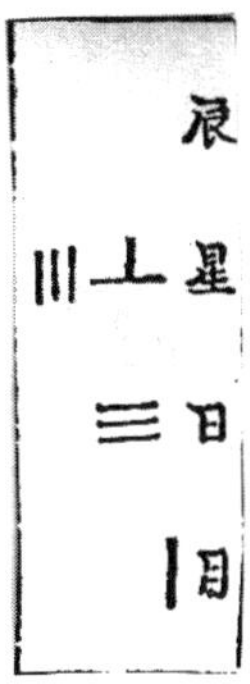

신
3 6 성
3 일
1 월

누감[거듭 빼는 것]은 산대 하나를 빌려 수율로 삼고, 법수는 이율로 삼고, 실적은 삼률로 삼는다. [삼률에서] 차율로 거듭 뺀다. 곧 수율로서 사율에 더한다. 실적이 다 없어질 때까지 빼면 도가 된다. 바야흐로 상수인 사율을 얻는다.
처음으로 돌아가려면[환원은] 누가[거듭 더하는 것]를 사용한다.

絫減 借一筭爲首率 法數爲二率 實積爲三率 以次率絫減之 輒以首率加四率

以減盡實積爲度 方得四率商數
還原用乘加

☞ 1 (수율) → 30 (차율, 법) → 360 (삼률, 실적)
→ 360−30−30−30− … −30=0
→ 12 (사율) [30 : 1=360 : x, x=12]

5.1.3 소양수 少陽之數

삼의 일 三之一

상승. [서로 곱하다.]
승[곱셈]은 양이고, 상승[서로 곱하는 것]은 가[덧셈]의 완성이다. 또한 보승이라고 부르기도 하는데, 이것을 소양수라 부른다.

相乘
乘爲陽 相乘加之成也 亦名步乘 是謂少陽之數

일 일률 원수 (차산)
월 이율 법수 (법)
성 삼률 현수 (실)
신 사율 은수 (실적)

日一率 元數 (借筭)
月二率 法數 (法)
星三率 顯數 (實)
辰四率 隱數 (實積)

☞ 원수 : 현수 = 법수 : 은수

【1】 이제 밭 16 묘가 있는데, 한 묘는 240 보다.
넓이는 어느 얼마인가?
답: 3840 보

今有田一十六畝 每畝二百四十步 問積步若干
答曰 三千八百四十步

그림에 의거해서 산대를 늘어놓자.
依圖布筭

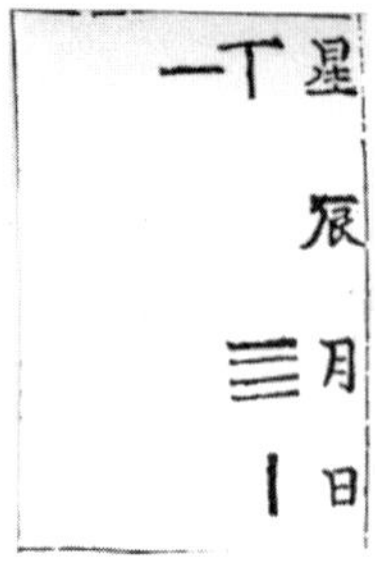

1	6	성
		신
	4	월
	1	일

일　1
이　240
삼　16 묘
사　3840

一　一
二　二百四十
三　十六畝
四　三千八百四十

상승[서로 곱하는 것]은 산대를 하나 빌려 수율로 삼고, 법수를 이율로 삼고, 실수를 삼률로 삼는다. 삼률로 이율에 곱하면 적수인 사율을 얻는다. 수율은 곱하는 것의 자리를 정하는 근거가 된다.
처음으로 돌아가려면[환원은] 상제[서로 나누는 것]를 사용한다.

相乘借一筭爲首率 以法數爲二率 以實數爲三率 以三率乘二率 得四率積數
首率所以定所乘之位
還原用相除

☞ 1 (수율) → 240 (이율, 법) → 16 (삼률, 실)
→ 240×16=3840 (이율×삼률)
→ 360 (사율) [1 : 16=240 : x, x=3840]

5.1.4 소음수 少陰之數

사의 일 四之一

상제[서로 나눈다.]
제[나눗셈]는 음이고, 상제相除[서로 나누는 것]는 감[뺄셈]의 완성이니, 상제商除라고 부르기도 한다. 이것을 소음수라 한다.

相除
除爲陰 相除減之成也 亦名商除 是謂少陰之數

일 일률 원수 (차산)
월 이율 법수 (법)
성 삼률 현수 (실적)
신 사율 은수 (상산)

日一率 元數 (借筭)
月二率 法數 (法)
星三率 顯數 (實積)
辰四率 隱數 (商筭)

☞ 원수 : 현수 = 법수 : 은수

【1】 곡식 864 말이 있는데, 30 말은 은 1 냥과 교환할 수 있다.
(864 말을 은과 교환하면) 그 은은 얼마인가?
답: 28 냥 8 전

今有粟八百六十四斗 每三十斗換銀一兩 問該銀若干
答曰 二十八兩 八錢

그림에 의거하여 산대를 늘어놓자.
依圖布筭

일 1
이 30 말
삼 864 말
사 28 냥 8 전

一 一
二 三十 斗
三 八百六十四斗
四 二十八兩 八錢

	2		신
8	6	4	성
3			월
	1		일

상제[서로 나누는 것]는 산대 하나를 빌려 수율로 삼고, 법수가 차율이고, 실적이 삼률이다. 이율로 삼률을 나눠 상산인 사율을 얻는다. 수율은 상수의 자리를 정하는 근거가 된다.
처음으로 돌아가려면(환원은) 상승[서로 곱하는 것]을 사용한다.

相除 借一筭爲首率 法數爲次率 實積爲三率 以二率除三率 得四率商筭 首率所以定商數之位
還原用相乘

☞ 1 (수율) → 30 (이율, 법) → 864 (삼률, 실)
→ 864÷30=28.8 (삼률÷이율=사율) [1 : 30= x : 864 , x=28.8]

살펴보면, 가감승제[덧셈, 뺄셈, 곱셈, 나눗셈] 사법은 갑편에서 이미 다루었다. 지금 논의하는 것은 군더더기 같지만 사수의 비롯된 유래를 밝히려는 것이다. 이것을 총준의 여러 법칙의 첫머리에 실었으니, 보는 사람들은 그것을 자세히 살펴보라.
또 살펴보면, 가감[덧셈과 뺄셈] 자체를 가지고 말하자면 가감[덧셈과 뺄셈]은 양의가 되고, (즉 일격산) 가감승제[덧셈, 뺄셈, 곱셈, 나눗셈]는 사상이 된다. (즉 삼격산) 승제[곱셈과 나눗셈] 자체를 가지고 말한다면, 승제[곱셈과 나눗셈]는 양의가 되고, 동이승제는 사상이 된다. (즉 사격산) 동이승제가 변해서 방준체교 팔법이 된다. 법마다 또 각각 원, 법, 현, 은, 사수가 있다. 어디에 적용시키든 사상이 아닌 것이 없다. (동이승제는 사법, 곧 총승, 총제, 준승, 준제다.) 대개 가감[덧셈과 뺄셈]은 승제[곱셈과 나눗셈]와 겸할 수 없지만, 승제[곱셈과 나눗셈]는 도리어 가감[덧셈과 뺄셈]을 포함할 수 있다. 가[덧셈]와 승[곱셈]은 늘어난다는 점에서 같고, 감[뺄셈]과 제[나눗셈]는 줄어든다는 점에서 동일하다. 정자가 이르길 “역 안에서 다만 반복, 왕래, 상하만을 말하였다”고 하는데 이것을 가리키는 것이다.

按加減乘除四法已具於甲編　今此所論似涉冗(=宂)贅　而欲明四數之所由起載此於緫(=總)準諸法之首 濫(=覽)者詳之
又按自加減而言則加減爲兩儀 (卽一格筭) 加減乘除爲四象 (卽三格筭) 自乘除而言 則乘除爲兩儀 同異乘除爲四象 (卽四格筭) 同異乘除變而爲方準遞較八法 每法之中又各有元法顯隱四數焉 無適而無四象也 (同異乘除卽總乘總除準乘準除四法也) 盖(=蓋)加減不能兼爲乘除而乘除却能包加減加與乘同一息也減與除同一消也 程子曰 易中只說反復往來上下 此之謂也

5.2 사상정수 四象正數

월의 이 月二
정의 변 正之變
이 몇 가지 문제는 세 가닥이 있다.
此數題有三股者

태양	1	총승 [모두 곱한다.]
태음	2	총제 [모두 나눈다.]
소양	3	준승 [비교해서 곱한다.]
소음	4	준제 [비교해서 나눈다.]

太陽一	總乘
太陰二	總除
少陽三	準乘
少陰四	準除

5.2.1 태양수 太陽之數

일의 이 一之二

총승. [모두 곱한다.]
이 법은 산승으로 합승을 삼는다. 그래서 이름을 총승이라 하는데, 본 이름은 이승동승이다.
곱셈(승)은 양이다. 이 수는 순수하니 이것이 승법[곱셈]이다. 이것을 일러 태양수라 한다.

總乘
此法以散乘爲合乘 故名曰總乘 本名異乘同乘
乘爲陽 此數純 是乘法 是謂太陽之數

일 일률 원수
월 이율 법수
성 삼률 현수 (실수)
신 사율 은수 (실적)

日一率 元數
月二率 法數
星三率 顯數 (實數)
辰四率 隱數 (實積)

【1】 직공이 있는데 하루에 짠 비단이 8자 2치 5푼이다.
(직공) 56명이 함께 27일 동안 비단을 짰다.
(57명이 함께) 짠 비단은 얼마인가?

原有織工一日織錦八尺二寸五分 今有五十六人共織二十七日 問織錦幾何

식과 같이 산대를 늘어놓자

布筭如式

일　　56 명
이　　27 일
삼　　8 자 25
사　　12474 자

一　　五十六人
二　　二十七日
三　　八尺二五
四　　一萬二千四百七十四尺

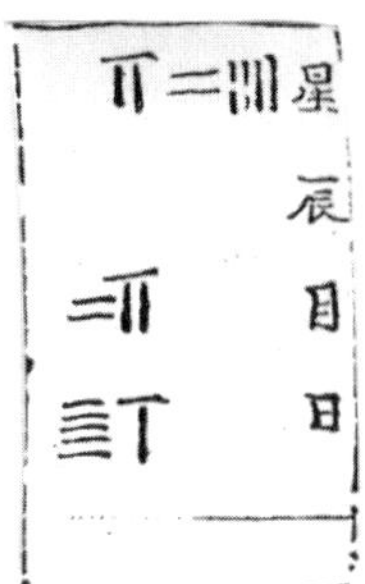

	7	2	4	성신
2	7			일
5	6			월

☞　(56×27)×8.25＝12474

【2】 1원은 모두 12 만 9 천 600 년이다.
1 년은 4 계절이고, 한 계절은 3 달이고, 1 달은 30일이다.
1원은 모두 며칠인가?

一元凡有十二萬九千六百年 一年四時 一時三月 一月三十日 一元日數幾何

일	12 월
이	30 일
삼	129600
사	46656000

一	十二月
二	三十日
三	十二萬九千六百
四	四千六百六十五萬六千

4 계절로 3 달을 상승하여[서로 곱해서] 12를 얻는데, 이것이 수율이 된다. 나머지는 앞의 식을 따른다.

以四時三月相乘得十二爲首率餘依前式

☞ $3\times4=12 \rightarrow (12\times30)\times129600=46656000$

살펴보면 수에는 사율이 있는데, 셋은 드러나고 하나는 숨어있다. 그러므로 앞의 세 율로 나머지 한 율을 구한다. 소자가 말하길 "하늘의 체수는 넷이지만, 그 중 사용하지 않는 것이 하나 있으니, 천신1)[하늘의 별]이 보이지 않는다. 땅의 체수는 넷이지만, 그 중 사용하지 않는 것이 하나 있으니, 지화[땅의 불]는 항상 잠겨있다."고 하였다. (위는 통론/율음률)

---

1) 사율, 신으로 볼 수 있다.

총승은 먼저 일률로 이율을 곱해 수를 얻고, 다시 삼률로 이 수를 곱해서 사율을 얻으니, 이것이 바로 승법이다. 그러므로 율을 바꾸어 곱할지라도 모두 통한다. (처음으로 돌아가려면(환원하려면) 드러난 것과 숨은 것이 서로 율을 교환하는데, 총제도 마찬가지다.)

按數有四率三顯而一隱故以前三率求後一率邵子曰天之體數四而不用者一天辰不見也地之體數四而不用者一地火常潛也 (右通論 / 率音律)
緫(=總)乘先以一率乘二率得數復以三率乘此數得四率此是乘法故雖換率乘之皆通 還原隱顯換率緫(=總)除同

5.2.2 태음수　太陰之數

이의 이　二之二

총제. [모두 나눈다.]
이 법은 산제로 합제를 삼는다. 따라서 총제라 부르는데, 본 이름은 동제이제다.
제[나눗셈]는 음이고, 이 수는 순수하니 이것이 제법[나눗셈]이다. 이것을 일러 태음수라 한다.

總(=總)除
此法以散除爲合除　故名曰總(=總)除　本名同除異除　除爲陰　此數純　是除法是謂太陰之數

일　일률	원수	
월　이율	법수	
성　삼률	현수	(실적)
신　사율	은수	(상산)

日一率	元數	
月二率	法數	
星三率	顯數	實積
辰四率	隱數	商筭

【1】 손님 15명이 12일간 살면서 함께 쌀 3섬 6말을 먹었다.
한 손님이 매일 얼마의 쌀을 먹었느냐?

今有客十五人 住十二日 共用米三石六斗 問一客每日用米幾何

식과 같이 산대를 늘어놓자.

布筭如式

일	15 명
이	12 일
삼	3 섬 6 말
사	2 되

一	十五人
二	十二日
三	三石六斗
四	二升

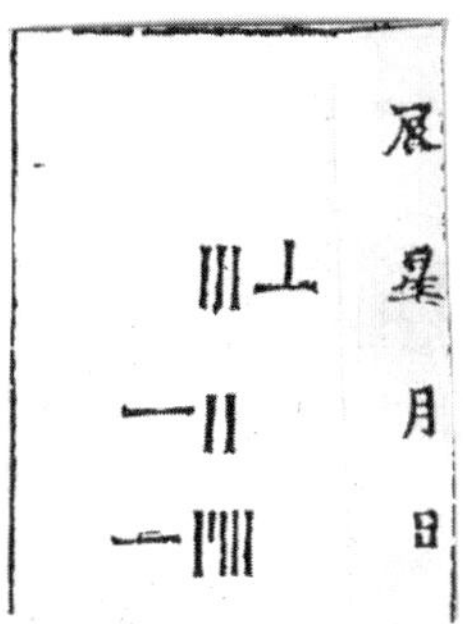

			신
	3	6	성
1	2		월
1	5		일

☞ 3 섬 6 말 = 360 되(삼률)
360÷(15×12)=360÷180=2 (사율)

【2】 태현[2]에는 모두 729 찬이 있고, 1 현은 3 방, 1 방은 3 주, 1 주는 3 부,

---

2) 중국 전한(前漢)의 양웅(揚雄)이 『역경(易經)』을 모방하여 만든 점술서다. 주역의 64괘(卦)에 대하여 81수(首), 6효(爻)에 대하여 9찬(贊)을 마련한 형태로 역학(曆學)·천문학·음양오행설 등과 결합한 한(漢)나라 역학(易學)의 성과를 흡수하면서 『노자(老子)』에 유래하는 '현(玄)'에서 근본원리를 찾았다. 천지인(天地人)의 상징인 ---을 기본으로 하는 것도 "1은 2를 낳고 2는 3을 낳으며 3은 만물을 낳는다."는 노자의 사고에 근거를 둔 것이다.

1 부는 3 가, 1 가는 1 수가 된다. 1 수를 갖추면 몇 찬을 얻느냐?

太玄凡有七百二十九贊 玄三方 一方三州 一州三部 一部三家 每家爲首 一首該得幾贊

일　　3 가
이　　27
삼　　720 구
사　　9 찬

一　　三家
二　　二十七
三　　七百二十九
四　　九贊

방, 주, 부, 세 수를 상승하여[서로 곱해서] 얻은 27을 차율로 삼는다. 3 가인 1 부는 수율로 삼는다. 나머지는 앞의 식을 따른다.

以方州部三數相乘得二十七爲次率 每部三家爲首率 餘依前式

☞ 3 가(수율), 3 방×3 주×3 부=27 (차율), 729 (삼률)
729÷(3×27)=729÷81=9 (사율)

총제는 먼저 일률로 이율에 곱해 수를 얻고, 다시 이 수로 삼률을 나눠 사율을 얻는다.

總除先以一率乘二率得數 復以此數除三率得四率

☞ 총제: 삼률÷(일률×이율)=사율

위의 두 법은 다고승제[여러 갈래 나눗셈과 곱셈]일 뿐이다.

右二法只是多股乘除

5.2.3 소양수 少陽之數

삼의 이 三之二

준승. [비교해서 곱한다, 비례식]
이 법은 용수와 체수를 비교해서 곱해서 얻은 수를 구한다. 따라서 준승이라 부르는데, 본 이름은 이승동제다. (체는 원래 수고, 용은 지금 수다.)
이 수는 제[나눗셈]로부터 승[곱셈]을 얻는데, 이것을 일러 소양수라 한다.

準乘
此法以用數準體數求乘得之數 故名曰準乘 本名異乘同除 (體者原數用者今數)
此數由除而得乘 是謂少陽之數

일	일률	원수	(원물)	(대법)	(소법)
월	이율	법수	(원가)	(대실)	(소실)
성	삼률	현수	(금물)	(소법)	(대법)
신	사율	은수	(금가)	(소실)	(대실)

日一率	元數	原物	大法	小法
月二率	法數	原價	大實	小實
星三率	顯數	今物	小法	大法
辰四率	隱數	今價	小實	大實

이것을 일러 법실이라고 하는 것은 제산(나눗셈)으로 그것을 말하기 때문이다.

此云法實者 以除筭言之也

☞ 원수(일률) : 법수(이율)=삼률(현수) : 사율(은수)

$$\rightarrow \frac{원수}{현수} = \frac{법수}{은수}$$

$$\rightarrow 은수 = \frac{법수 \times 현수}{원수}$$

준승은 먼저 삼률로 차율에 곱한 후에 일률로 그것을 나누어 사율을 얻는다. 그렇게 되는 까닭은 대개 삼률에 있는 것과 본연의 수율이 상준하고 알지 못하는 사율과 이미 알고 있는 차율이 상준하기 때문이다. 이 법은 본래 선제후승[먼저 나눈 다음 곱한 것]에 해당되는데, 이는 단지 제법을 먼저 쓸 뿐이다. 혹 기령[나머지]이 있어 나누어 떨어지지 않는 수는 승[곱셈]을 쓰는 데 방해가 되므로, 이러한 경우는 선승후제[먼저 곱한 다음 나누는 것]로 바꾼다. 이와 같이 하면, 비록 기령[나머지]이 있어도 그것을 나눌 수 있다. 이치는 상준법에서 가장 기묘한데, 선승[먼저 곱하는 것]보다 중요한 것은 없다. 모든 수가 거기에 참여할 수 있지만 하나의 예로써 미루어 추구하는 것이 어려운 것은 간혹 합준을 사용하거나 중준을 사용하기 때문이다. (식을 구하는 것은 나중에 갖춘다.)

準乘先以三率乘次率 後以一率除之得四率 所以然者盖(=蓋)見在之三率與本然之首率相準 未知之四率與已然之次率相準故也 此法本當先除後乘 但先用除法 或有奇零不盡之數妨於用乘 故變爲先乘後除 如此則雖有奇零之數可以命分也 理最妙於相準法 莫要於先乘 其有諸數參會 難以一例推究者 或用合準或用重準 (求式具後)

☞ 기령이 있는 경우[선제후승]: 은수=(현수÷원수)×법수

기령이 없는 경우[선승후제]: 은수=(법수×현수)÷원수

【1】 원래 돈 4관이 있어 재화 12근을 얻었다. 지금 돈 20관이 있다. 얼마의 재화를 얻을 수 있는가?

原有錢四貫 得貨十二斤 今有錢二十貫 問得貨幾何

이 문제는 12근으로 준표를 삼는다고 여기고, 식과 같이 산대를 늘어놓자.

此題以以十二斤爲準表 布筭如式

일　　4관
이　　12근
삼　　20관
사　　60근

一　　四貫
二　　十二斤
三　　二十貫
四　　六十斤

2	0	성
		신
1	2	월
	4	일

이 그림은 선제후승[먼저 나눈 후에 곱한 것]을 취했으니, 이것은 준승본법이다. (일로 월을 나누고 성으로 그것에 곱한다.)

此圖取先除後乘 乃是準乘本法　　以日除月以星乘之

☞ 4 관 : 12 관 = 20 관 : 은수

→ $\frac{12근}{4근} = \frac{은수}{20관}$ → 은수 $= \frac{12}{4} \times 20$

→ $(12 \div 4) \times 20 = 60$ [선제후승]

☞ $4 : 12 = 20 : x \rightarrow 4x = 240 \rightarrow x = 60$

【1-1】 앞 문제에서 재화는 이제 60근이다.
　　4 관으로 준표를 삼을 때 돈은 얼마를 얻겠는가?

前題以今貨六十斤 問得錢者以四貫爲準表

일	12 근
이	4 관
삼	60 근
사	20 관

一	十二斤
二	四貫
三	六十斤
四	二十貫

표는 경의 법칙이다. 신은 월의 경이니, 은수는 법수의 경이다. 따라서 법수를 준표로 삼는다.
이 문제에서 먼저 나누어 떨어지지 않는 게 있으면 당연히 고친 식을 따라야 한다.

表者景之則也 辰爲月之景 隱數爲法數之景 故以法數爲準表
此問先除有不盡 當依改式

☞ 12근 : 4관 = 60관 : 은수

→ $\frac{4관}{12근} = \frac{은수}{60근}$ → 은수 = $\frac{4}{12}$ ×60 [$\frac{4}{12}$에서 기령이 생김]

→ (4×60)÷4)×12 = 20 [선승후제]

☞ 12 : 4 = 60 : x → $12x = 240$ → $x = 20$

【2】 하천을 뚫는 것과 관련된 문제다.

남자 한 명이 하루에 180자를 뚫는데 품삯으로 97문을 준다.

이제 하천을 2160자 뚫었다. 품삯은 모두 얼마를 줘야하는가?

問開河 每夫日開一百八十尺 給功錢九十七文 今開河二千一百六十尺 計給功錢幾何

이 문제는 97로 준표를 삼는다. 식과 같이 산대를 늘어놓자.

此題以九十七爲準表 布筭如式

일	180자
이	97문
삼	2160
사	1164문

一	一百八十尺
二	九十七文
三	二千一百六十
四	一千一百六十四文

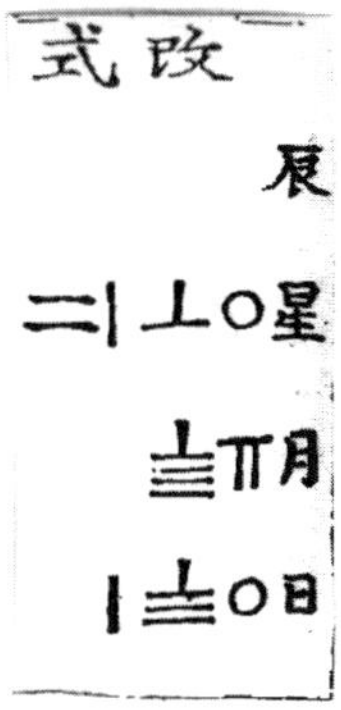

고친 식

				신
2	1	6	0	성
		9	7	월
	1	8	0	일

이 그림은 선승후제[먼저 곱하고 나중에 나누는 것]를 취한다. 보통 먼저 나누는 것은 나누어 떨어지지 않는 것이 있기 때문이다.
(성으로 월을 곱하고, 일로 그것을 나눈다.)

此圖取先乘後除 盖(=蓋)先除有不盡故 (以星乘月以日除之)

☞ 180 자 : 97 문 = 2160 자 : 은수

→ $\frac{97문}{180자} = \frac{은수}{2160자}$ → 은수 $= \frac{97}{180} \times 2160$ [$\frac{97}{180}$에서 기령이 생김]

→ (4×60)÷4)×12 = 20 [선승후제]

☞ 180 : 97 = 21 60 : x → $12x = 240$ → $x=20$

준승약법은 먼저 약분법처럼 유수[공약수]를 찾는다. 보통 두 수를 나눌 수 있는 하나의 수가 유수[공약수]가 된다. 또 상준의 수를 취하기도 한다. 이에 두 식은 다음과 같이 말해 둔다. (만약 유수[공약수]가 없으면 그렇지 않다.)

準乘約法先尋紐數如約分之法 凡一數可除兩數者爲紐數 亦取相準之數 玆設二式如左 若無紐數者否

구수략 을

일	4	(4가 변하여 1이 된다.)
이	12	(12가 변하여 3이 된다.)
삼	20	
사	60	

一	四	化四爲一
二	十二	化十二爲三
三	二十	
四	六十	

이것은 4가 [4와 12의] 유수[공약수]가 되어 12를 나누면 3을 얻으니, 종률이 20관의 3배가 되는 것을 알 수 있다.

此以四爲紐數 除十二得三 可知終率爲二十貫之三倍也

☞ 4 : 12=20 : 은수

$\rightarrow 4:12=\frac{4}{4}:\frac{12}{4}=1:3$

$\rightarrow 1:3=20:20\times3(=60)$

180	변해서 1이 되다.
97	
2160	변해서 12가 되다.
1164	

又一百八十	化爲一
九十七	
二千一百六十	化爲十二
一千一百六十四	

이것은 180이 [180과 2160의] 유수가 되어 2160을 나누면 12를 얻으니, 97이 종률의 $\frac{1}{12}$이 됨을 알 수 있다.

此以一百八十爲紐數 除二千一百六十得十二 可知九十七爲終率十二分之一也

☞ 180 : 97=2160 : 은수

→ 1 : 97=12 : 1164 [$\frac{2160}{180}=12$, 12×97=1164]

【3】 원래 팔성금[3] 50 냥은 은 200 냥의 가치가 있다.
이제 구성금[4] 40 냥은 은 얼마에 해당하는가?

原有八成金五十兩價銀二百兩 今有九成金四十兩該銀若干

이 수는 마땅히 성색으로 족색을 잘라 그것을 구해야 한다.

此數當以成色折足色求之

일	40 냥	(원래 금 5와 팔색을 곱한다.)
이	200 냥	
삼	36 냥	(지금은 금 4와 구색을 곱한다.)
사	180 냥	

一	四十兩	(原金五乘八色)
二	二百兩	
三	三十六兩	(今金四乘九色)
四	一百八十兩	

3) 팔색금은 순금의 80%에 해당된다.
4) 구성금은 순금의 90%에 해당된다.

☞ 0.8×50=40, 0.9×409=36

→ 40 : 200=36 : 은수

→ $\frac{200}{40}=\frac{은수}{36}$

→ (200÷40)×36 = 180

【4】 담장을 쌓는 것에 관한 문제다.
위 너비가 1 자, 아래 너비가 4 자, 높이가 1 장 2 자다.
이제 위 너비는 같고 아래 너비는 겨우 2 자 1 치다.
높이는 얼마이겠는가?

問築檣 上廣一尺 下廣四尺 高一丈二尺 今上廣如 故下廣僅二尺一寸 可高若干

이 수는 교[차이]로서 그것을 구한다.

此數以較求之

일	30 치	(위의 너비가 아래 너비에 미치지 않는다.)
이	120 치	(원래 높이)
삼	1 자 9 치	(지금의 아래 너비를 원래 아래 너비에서 뺀다.)
사	76 치	(지금 높이)

一	三十寸	(上廣不及下廣數)
二	一百二十寸	(原高)
三	一尺九寸	(今下廣減原下廣)
四	七十六寸	(今高)

(위의 두 문제는 합준이다.)

(右二題合準)

☞ 1 장=10 자, 1 자=10 치, 1 장=100 치

→ 30 : 120=19 : 은수

→ $\frac{120}{30}=\frac{\text{은수}}{19}$

→ (120÷30)×19 = 76

【5】 수레바퀴의 반지름이 1 자 9 치 5 푼이다.
가령 하루에 2 만 바퀴를 구른다면, 이것은 몇 리에 해당하는가?

問車輪半徑一尺九寸五分 假今一日轉二萬周 該幾里

이것은 리의 수로 되어 있기 때문에 자와 치로 변환해서 다시 헤아려서 사용한다. 먼저 반지름을 2배로 하면 지름이 되고, 그것을 3배하면 1바퀴를 얻는다. 율에 의거하여 그것을 미루어 구한다.

此因有里數及尺寸 故復用再測 先倍半徑爲全徑 三之得一周數 依率推之

일	1 바퀴	
이	117 치	(1바퀴의 치수)
삼	20000 바퀴	
사	234000 자	(20000 바퀴의 자수)

일	1800 자	(리법)
이	1리	
삼	234000 자	
사	130 리	

一	一 周	
二	一百一十七寸	(一周寸數)

三　　二萬周
四　　二十三萬四千尺　　(二萬周尺寸數)

一　　一千八百尺　　(里法)
二　　一里
三　　二十三萬四千尺
四　　一百三十里

☞ 1.95×2=3.9 (지름) → 3.9×3=11.7 (원주) → 11.7×20000=234000(자)
1리=360보, 1보=5자 → 1리=1800자(360×5=1800)
→ 1800 : 1=234000 : 은수
→ $\frac{1}{1800}=\frac{\text{은수}}{234000}$
→ (234000÷1800)×1=130(리)

【6】 원금 10 냥은 3개월이 지나면 이자 4 냥을 얻는다.
만약 원금 100 냥에 이자 2000 냥을 얻으려면 몇 년 후인가?

原有母銀十兩三個月得子銀四兩 若母銀百兩欲得子銀二千兩 復幾年

이것은 개월 수로 되어 있으므로 중준을 다시 사용한다. 먼저 100 냥이 3 개월간 얻은 것을 알아내고 그런 연후에 다시 헤아린다.

此因有月數復用重準 先知百兩三月所得 然後再測

일　　10 냥　　40 냥
(이것은 잠시 개월 수를 고려하지 않는다면, 단지 10 냥이 4 냥을 얻으니, 3개월이면 100 냥은 40 냥을 얻는다. 또한 3개월이 중요하니 이것을 다시 헤아리게 하는 것이 가능하다.)
이　　4 냥　　3 개월

삼	100 냥	2000 냥	
사	400 냥	150 개월	(즉 12.5년이다.)

一	十兩	四十兩	

(此姑舍月數 但十兩之得四兩 以三月則百兩之得四十兩 亦三月緊要在此 便可再測)

二	四兩	三月	
三	百兩	二千兩	
四	四十兩	一百五十月	(卽十二年有半)

(이미 위의 수를 얻으니 은으로서 개월에 준해서 그것을 미루어 구한다.)

(旣得上數乃以銀準月而推之)

☞ 10 : 4＝100 : 은수1 → $\frac{4}{10}=\frac{\text{은수1}}{100}$ → 은수1＝40

40 : 3＝2000 : 은수2 → (2000×3)÷40＝150 → 150÷12＝12.5

(위의 두 문제는 중준이다.)

(右二題重準)

【7】 거위털 이불을 $\frac{7}{8}$장 사려고 한다. 그 가격은 얼마인가?

전에 $\frac{1}{3}$장을 샀을 때 그 값은 $\frac{3}{4}$냥이었다.

(거위털로 만든 비단 이불은 그 이름만을 빌린 것이다.)

問欲買鵝氄八分丈之七 價若干 曾買三分丈之一 其價四分兩之三

(解曰鵝氄錦叚之名)

이것은 승분으로서 그것을 미루어 구한다.

此以乘分推之

일 $\frac{1}{3}$

이 $\frac{3}{4}$

삼 $\frac{7}{8}$

사 $1\frac{31}{32}$ 냥

一 三之一

二 四之三

三 八之七

四 一兩零三十二之三十一

(숙[삼률], 중[이율], 두 율을 상승하여[서로 곱하여] $\frac{21}{32}$를 얻는다. 수율[일률]로 그것을 나누면 $\frac{63}{32}$를 얻는다. 나누어서 정리하면 1 냥과 $\frac{31}{32}$이 된다. 즉 1 냥 9 전 6 푼 7 리 7 호 5 사다.)

(叔仲二率相乘得三十二之二十一 以首率除之得三十二之六十三 歸整爲一兩又三十二之三十一也卽一兩九錢六分八釐七毫五絲)

☞ $\frac{1}{3}:\frac{3}{4}=\frac{7}{8}:$은수

$\rightarrow (\frac{3}{4}\times\frac{7}{8})\div\frac{1}{3}=\frac{63}{32}=1\frac{31}{32}=1.9675$

☞ $\frac{1}{3}:\frac{3}{4}=\frac{7}{8}:x \rightarrow \frac{1}{3}x=\frac{3}{4}\times\frac{7}{8} \rightarrow x=\frac{63}{31}=1\frac{31}{32} \rightarrow x=1.9675$

【8】 광석을 정련해서 은을 만드는 문제다.

첫 불에 정련해서 $\frac{2}{3}$를 얻고, 둘째 불에 $\frac{5}{7}$를 얻었다. 다시 불에 넣어 $\frac{4}{5}$를 얻었다. 모두 세 번에 합쳐서 족색은[5] 16 냥을 얻었다.

5) 족색은은 순은을 지칭한다.

원래 광석은 얼마인가?

問煉礦求銀 初火煉得三之二 再火得七之五 又入火得五之四 凡三火共得足色銀一十六兩 原礦若干

이것은 또한 승분으로 그것을 구한다. [분]자를 상승하면[서로 곱하면] 수율이 되고, [분]모를 상승하면[서로 곱하면] 차율이 된다.

此亦以乘分求之 子相乘爲首率 母相乘爲次率

일	40	(2・5는 10을 얻고, 그것에 4를 곱하면 40을 얻는다.)
이	105	(3・7은 21, 또 5를 곱하면 105를 얻는다.)
삼	16 냥	
사	42 냥	

一	四十	(二五得一十 又四之得四十)
二	一百零五	(三七二十一 又五乘得一百五)
三	十六兩	
四	四十二兩	

☞ $(2\times5)\times4=40$ (일률), $(3\times7)\times5=105$ (이율)

→ $40:105=16:$ 은수

→ $(105\times16)\div40=42$

☞ $(\frac{2}{3}\times\frac{5}{7}\times\frac{4}{5})x=16$ → $\frac{40}{105}x=16$ → $x=42$

(두 문제는 준승으로 구분된다.)

(又二題之分準乘)

준승은 처음으로 돌아가려면[환원하려면] 숙[삼률], 중[이율], 두 율과 상승하고[서로 곱하고], 계율[사율]로 그것을 나누면 곧 맹률[일률]의 수를 얻으니, 또한 준승이다.

準乘還原 以叔仲二率相乘 以季率除之 卽得孟率之數 亦準乘也

☞ (숙률×중률)÷계율＝맹률

5.2.4 소음수 少陰之數

사의 이 四之二

준제. [비교해서 나눈다.(비례식)]
이 법은 용수로 체수를 준하여 나누어 얻은 수를 구한다. 따라서 준제라고 부르는데, 본 이름은 동승이제다.
이 수는 승[곱셈]에서 유래하여 제[나눗셈]를 얻는다. 이것을 일러 소음수라 한다.

準除
此法以用數準體數求除得之數故名曰準除本名同乘異除
此數由乘而得除是謂少陰之數

일	일률	원수	(원물)	(대실)	(소실)
월	이율	법수	(원수)	(소법)	(대법)
성	삼률	현수	(금물)	(소실)	(대실)
신	사율	은수	(금수)	(대법)	(소법)

日一率	元數	(原物)	(大實)	(小實)
月二率	法數	(原數)	(小法)	(大法)
星三率	顯數	(今物)	(小實)	(大實)
辰四率	隱數	(今數)	(大法)	(小法)

☞ 원수(일률) : 삼률(현수)=사율(은수) : 법수(이율)

$$\rightarrow \frac{\text{원수}}{\text{현수}} = \frac{\text{은수}}{\text{법수}}$$

$$\rightarrow \text{은수} = \frac{\text{원수} \times \text{법수}}{\text{현수}}$$

이것은 일러 법실이라 하는데, 승산[곱셈]으로 그것을 말하는 것이다.

此云法實者 以乘筭言之也

준제는 먼저 수율로 차율을 곱한 후에 삼률로 그것을 나누어 사율을 얻는다. 이렇게 하는 까닭은 보통 금수[지금의 값]가 원수[원래 값]보다 많으면 반드시 금물[지금의 물건]이 원물[원래의 물건]보다 작아서 곱해서 얻은 수가 같은 까닭이다.

準除先以首率乘次率 後以三率除之 得四率 所以然者蓋今數多於原數 則必今物少於原物 其乘得之數乃同故也

【1】 원래 옷감의 길이가 9장, 너비가 3자면 옷 한 벌을 짓는다.
이제 옷감이 단지 너비가 2자인데 옷 한 벌을 만들려고 한다.
옷감의 길이는 얼마를 더해야 하는가?

原有布長九丈濶三尺 作依一襲 今有布只濶二尺 欲作衣一襲 增布長幾尺

이 문제는 원래 길이를 준표로 삼는다.

此題以原長爲準表

일　3자
이　9장
삼　2자
사　13장 5자

一　三尺
二　九丈
三　二尺

四　　　十三丈五尺

		신
	2	성
9	0	월
	3	일

이것이 바로 준제인데 본 식을 꾸민 것이다. 이것은 위에 법, 아래에 실로 식을 고친 후 갖춘다.

此是準除本式緣 此上法下實改式具後

☞ 3 : 2 = 은수 : 90

→ $\frac{3}{2} = \frac{\text{은수}}{90}$

→ (3×90)÷2 = 135 (자) → 13 장 5 자

【2】 원래 구성금 54 냥을 빌렸다. 이제 팔성금으로 돌려주려고 한다. 성색금에 비추어 보면 몇 냥을 돌려주어야 하는가?

原借九成金五十四兩 今以八成金抵還 照成色該還幾兩

이 문제는 원금의 수를 준표로 삼는다.

此題以原金數爲準表

일　　　　　구성금

이　　　　　54 냥

삼 팔성금
사 60.75 냥

一 九成
二 五十四兩
三 八成
四 六十兩七錢五分

신
4 월
5 8 성
9 일

이것은 식을 고쳐 승제는 변하지 않고 아래 계산으로 그림의 식만 고친다.

此是改式乘除不變 只改圖式以便下筭

☞ 9 : 8 = 은수 : 54

→ $\frac{9}{8} = \frac{\text{은수}}{54}$

→ $(9 \times 54) \div 8 = 60.75$

【3】 쌀 1 섬 1 말 2 되를 지고 30 보 가는 것을 하루에 50 번이다.
이제 쌀 1 섬 2 말을 지고 40 보를 가면 하루에 몇 번 가야 하는가?

問負米一石一斗二升行三十步日五十次 今負米一石二斗行四十步日可幾次

일 336 (처음 걸음걸이에 처음에 진 쌀을 곱한다.)
이 50 번
삼 480 (나중 걸음걸이에 나중에 진 쌀을 곱한다.)
사 35 번

一 三百三十六 (以原步乘原負米)
二 五十次
三 四百八十 (以今行步乘今負米)
四 三十五次

☞ $11.2\times30=336$ (일률), $12\times40=480$ (삼률)

336 : 480 = 은수 : 50

$\rightarrow \frac{336}{480}=\frac{\text{은수}}{50}$

$\rightarrow (336\times50)\div480=35$

【4】 빈 수레는 하루에 70 리를 간다. 만약 무겁게 실으면 하루에 50 리를 간다. 이제 가라지 풀을 싣고 창고에 이르는 데 5 일이고 돌아오는 데 3 일이 걸린다. 몇 리인가?

問空車日行七十里 若重載卽日行五十里 今載稂到倉五日 三返路遠幾里

일 5일
이 3500 리 (빈 수레가 하루에 가는 거리와 무거운 수레가 하루에 가는 거리를 곱해 차율이 된다.)
삼 360 (빈 수레가 하루에 가는 거리와 무거운 수레가 하루에 가는 거리를 더한 다음에 돌아오는 3일을 곱하면 삼률이 된다.)
사 $48\frac{22}{36}$

一 五日

二	三千五百里	(以空車重車日行數相乘爲次率)
三	三百六十	(倂空車重車日行數以三返乘之爲三率)
四	四十八里又三十六之二十二	

☞ $70 \times 50 = 3500$ (이율), $(70+50) \times 3 = 360$ (삼률)

$5 : 360 =$ 은수 $: 3500$

→ $\frac{5}{360} = \frac{\text{은수}}{3500}$

→ $(5 \times 3500) \div 360 = 48\frac{22}{36}$

(위의 두 문제는 합준이다.)

(右二題合準)

【5】 12명이 9일 동안 함께 보리를 20묘 벴다.
이제 30명이 45묘의 보리를 베는 데 며칠 걸리겠는가?

問十二人九日共刈麥二十畝 今有三十人刈麥四十五畝該幾日

(위에서 준제와 승을 겸한 것은 중준이 된다.)

(右準除兼乘爲重準)

일	12 명 (먼저 교로 준제를 사용한다.)	20 묘 (다음에 날의 교로 준승을 사용하고 그 것을 헤아린다.)
이	9일	$3\frac{3}{5}$ 일
삼	30 명	45 묘
사	3일	$8\frac{1}{10}$ 일

一	十二人 (先以人較日用準除)	二十畝 (次以日較更畝用準乘測之)
二	九日 (法乘之)	三日又五分日之三
三	三十人	四十五畝
四	三日又 五分日之三	八日又十分日之一

☞ 12 : 30＝은수1 : 9 → $\frac{12}{30}=\frac{\text{은수1}}{9}$ → 은수1＝3.6 → $3\frac{3}{5}$

20 : 45＝3.6 : 은수2 → (45×3.6)÷20＝8.1 → $8\frac{1}{10}$

준제는 처음으로 돌아가려면(환원하려면) 숙[삼률]과 계[사율]의 두 율을 상승하여[서로 곱해서] 중[이율]로 그것을 나누면 맹[일률]의 수를 얻으니 또한 준제이다.

準除還原 以叔季二率相乘 仲率除之 得孟率之數 亦準除也

살펴보면, 이 두 가지 법은 일과 월이 체수가 되고 성과 신이 용수가 된다. 음양의 순수한 것은 체가 되고, 섞인 것은 용이 된다. 체는 빈[손님]이고 용은 주[주인]다. 빈[손님]의 수가 실이고 주[주인]의 수가 공이다. 빈[손님]을 살피면 주인(주)을 알 수 있다. 실에 준하면 공을 헤아릴 수 있다. 그것을 준이라 하는 까닭은 상을 취하기 때문이다. 음양의 수로서 상준하여 (성으로서 일을 준하고 신으로서 월을 준하는 것이 마치 재화는 재화를 상대하고 전은 전을 상대하는 것과 같은 것이다.) 그 수를 얻는다. 승제로서 그 수를 상준한다. (승법은 곧 성으로서 신의 수를 나누는 것과 일로서 월의 수를 나누는 것, 이 두 가지가 바로 상합한다(서로 합한다). 제법은 성으로 신의 수에 곱하는 것과 일로 월의 수에 곱하는 것과 상합한다.) 준승법은 성이 일에 미치지 않으면, 신은 월에 미치지 않는다. 성이 일보다 지나치면 신은 월을 지나치고 이것을 교준이라 한다. 준제법은 성이 일에 미치지 않으면 신은 월보다 지나치다. 성이 일을 지나치면 신은 월에 미치지 못한다. 이것을 반준이라 한다. 준승은 해시계가 햇볕으로 헤아리는 것과 같아서, 표가 길면 햇빛이 길고 표가 짧으면 햇빛이 짧다. 준제는 저울이 물건을 다는 것과 같으니 물건이 무거우면 저울 추(권)가 가볍고, 물건이 가벼우면 저울추(권)가 무겁다. 다섯 자리가 상득하는 것처럼 양수는 음수를 주관한다. 다섯 자리가 합하는 것처럼 금수는 원수를 주관한다. 준표는 이동하지 않고 성과 일이 율을 교환하면 제는 승으로 구할 수 있고, 승은 제로서 헤아릴 수 있다. 이것은 곧 역에서 상의 서여(실마리)를 가지고 수의 충유[핵심, 지도리]가 되는 것을 계산하는 것인데, 계간을 논한 모든 책들을 그 수를 진술할 뿐, 그 뜻을 말하지 아니한다. 그러므로 특별히 이와 같이 밝히는 바다.

按此二法日月爲體數星辰爲用數 陰陽之純者爲體其錯者爲用也 體爲賓用爲主 賓數實主數空 觀賓則主可識矣 準實則空可測矣 所以謂之準者其取象也以陰陽之數相準 (以星準日以辰準月如貨對貨錢對錢之類) 其得數也 以乘除之數相準 (乘法則以星除辰之數與以日除月之數正相合除法則以星乘辰之數與以日乘月之數正相合) 準乘之法星不及日則辰不及月星過于日 則辰過于月夫 是之謂交準準除之法星不及日 則辰過于月星過于日 則辰不及月夫 是之謂反準 準乘如表之揆景表長 則景長表短則景短也 準除如衡之稱物 物重則權輕 物輕則權重也 陽數之視陰數如五位之相得也 今數之視元數如五位之有合也 準表不移星日換率則除可以乘求而乘可以除測矣 此乃易象之緖餘筭數之樞紐而論筭諸實只陳其數略無說其義者故特闡明之如此云

5.3 사상변수 四象變數

성삼 星三
변의 정 變之正
이 몇 가지 문제는 윗 가닥의 값은 정해지지 않았다.
此數題上股數無定者

태양 1 방승
태음 2 방제
소양 3 준승 (자모)
소음 4 준제 (구고)

太陽一方乘
太陰二方除
少陽三準乘 (子母)
少陰四準除 (句股)

5.3.1 태양수 太陽之數

일의 삼 一之三

방승. [제곱해서 곱한다.]
법과 실이 서로 같으면 이것을 자승[제곱]이라 한다. 이 법은 방면[정사각형의 한 변]으로서 적실[넓이]을 구한다. 그러므로 또한 방승은 본래 승법에 있었으나, 지금 이것은 따로 떨어져 나왔다.
이 수는 순수하므로 이것은 승법이고, 한 번 변하니 이것을 태양수라 한다. 즉 『구장산술』의 「방전」이다.

方乘
法實相同 謂之自乘 此法以方面求積實 故亦曰方乘本在 乘法今另出
此數純是乘法而一變是謂太陽之數 卽九章之方田也

일 일률	원수	(차산)
월 이율	법수	(연산)
성 삼률	현수	(방면)
신 사율	은수	(적보)

日一率	元數	(借筭)
月二率	法數	(演筭)
星三率	顯數	(方面)
辰四率	隱數	(積步)

방승은 산대 하나를 빌려와 수율로 삼고 수율로 삼률에 곱하여 이율을 얻는데 이것이 연산이 된다. 다시 삼률로서 그것에[이율] 곱하여 사율을 얻는다.

方乘借一筭爲首率 以首率乘三率得二率 是爲演筭 復以三率乘之 得四率

☞ 일률: 1

이율: 일률×삼률

삼률: 방면 [정사각형의 한 변의 길이]

사율: 이율×삼률 [(정사각형의 한 변의 길이)^2]

【1】 방전[정사각형 모양의 밭]이 하나 있는데, 가령 한 변이 20보다. 넓이는 얼마인가?

今有方田一叚面二十步 問積步幾何

산대를 늘어놓자.

布筭

일	1	
이	20	(이것은 곱해서 수를 얻는다.)
삼	20	(이것은 본래 문제에 있는 수다.)
사	400	

一	一	
二	二十	(此乃乘得數)
三	二十	(此卽題上本數)
四	四百	

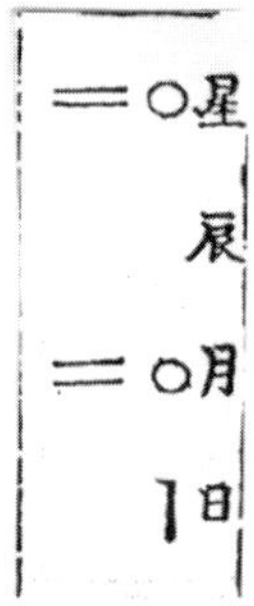

20	성
	신
20	월
1	일

문제에서 종횡[가로와 세로] 두 가닥을 가지고 문제로 삼은 것은 보승에 들어간다.

題上以橫從二股爲問者入步乘

☞ 1 (일률) → 1×20=20 (이율) → 20 (삼률) → 20×20=400

【2】 직전[직사각형 모양의 밭]이 있는데 활[짧은 변]이 24 보이고 장활[긴 변]과 차이는 12 보다.
[직전의] 넓이는 얼마인가?

今有直田 濶二十四 長濶差十二步 問積幾步

일	1	
이	36	(활과 차를 더하면 차율이다.)
삼	24	
사	864	

一	一	
二	三十六	(濶倂差爲次率)

三　　二十四
四　　八百六十四

이것은 곧 제곱의 대종이다. 일률로 삼율을 곱하고 종방을 더하여 이율이 되고 나머지는 식과 같다.
장과 활로 넓이를 구하는 것은 보승에 들어간다.

此卽自乘之帶從 以一率乘三率加從方爲二率 餘如式
若以長闊求積者入步乘

☞ 1 → 24+12=36 → 24 → 36×24=864 [24(24+12)=864]

【3】 지금 원전[원 모양의 밭]이 있는데, 지름이 56 보다.
　　[원전의] 넓이는 얼마인가?

今有圓田徑五十六步 問積步若干

일	0.75	(지름에 0.75로 곱해서 42를 얻는다.)
이	42	
삼	56	(곱해서 밭의 넓이를 얻는다.)
사	2352	

一	七五	(置徑步以七五乘之得四十二)
二	四十二	(以乘徑步得田積)
三	五十六	
四	二千三百五十二	

방[정사각형]은 4이고 원은 3이다. 따라서 0.75가 수율이 된다. (즉 $\frac{75}{100}$ 다)

옛날 법은 지름이 $\left(\frac{4}{3}\right)^2$이다.

方四圓三 故以七五爲首率 (卽百分一之七十五) 舊法徑自乘三之四而一

☞ 방[정사각형]의 넓이: d^2 (정사각형의 한 변의 길이: d)

원의 넓이: $\frac{3}{4}d^2$ (원의 지름: d)

→ 방의 넓이 : 원의 넓이=4 : 3

☞ 0.75 [일률]

→ 0.75×56=42 [이율, $42=\frac{3}{4}d=\frac{3}{4}\times 56$]

→ 56 (삼률)

→ 56×42=2352 [$2352=\left(\frac{3}{4}d\right)\times d=\frac{3}{4}d^2=42\times 56=\frac{3}{4}\times 56\times 56$]

【4】 구고전[직사각형밭]이 있는데, 구의 활이 24 보이고 구와 고의 교[차이]가 12 보다.
(구고전의) 넓이는 얼마인가?

今有句股田 句濶二十四步 句股較十二步 問積

일 0.5
이 18
삼 24
사 432

一 五
二 十八

三　　二十四
四　　四百三十二

구전은 직적[사각형 밭의 넓이]의 반이다. 그러므로 0.5가 수율이 된다. (원전에서 0.75를 사용하는 것과 같다.) 0.5와 교[차이]를 곱하면 종방이다.

句田居直積之半 故以五爲首率 (如圓田之用七五) 以五乘較爲從方

☞ 0.5 [일률, 사각형의 절반]
→ $0.5\times(24+12)=18$ [이율]
→ 24 [삼률]
→ $18\times24=432$ [$24\times(24+12)\times0.5=\frac{1}{2}(24^2+24\times12)=432$]

【5】 방전과 원전이 있는데, 방면과 원의 지름이 각각 36 보다.
총 넓이가 얼마인가?

今有方圓田 各一方面圓徑俱三十六步 問總積

일	1.75	(1은 방률이고 0.75는 원율이다.)
이	63	(36은 방률이고 27은 원율이다.)
삼	36	
사	2268	(방적은 1296이고 원적은 972다.)

一	一七五	(內一爲方率 七五爲員率 步以一七五加之得六十三)
二	六十三	(內三十六爲方率 二十七爲員率)
三	三十六	
四	二千二百六十八	(內方積一千二百九十六 員積九百七十二)

☞ 1.75 [1: 방률, 0.75: 원율]

→ $36+27=63$ [$(36\times1)+(36\times\frac{3}{4})=36+27=63$]

→ 36

→ $63\times36=2268$ [$(36\times36)+\frac{3}{4}(36\times36)=36(36+27)=2268$,

$36\times36=1296$, $\frac{3}{4}(36\times36)=972$]

5.3.2 태음수 太陰之數

이의 삼 二之三

방제
상과 법이 서로 같으면 그것을 일러 자제[제곱근]라 한다. 이 법은 적실을 나눠 방면을 구한다[이는 정사각형의 넓이에서 한 변을 구하는 법이다]. 그러므로 또한 방제라고 부르는데, 본 이름은 개방이다. 이 수는 순수하니 이것은 제법이며, 한 번 변하므로 이것을 일러 태음수라 한다. 즉『구장산술』의「소광」이다.

方除
商法相同謂之自除 此法求方面除積實 故亦曰方除本名開方 此數純是除法而一變 是謂太陰之數 卽九章之少廣也

일 일률 원수 (차산)
월 이율 법수 (연산)
성 삼률 현수 (적보)
신 사율 은수 (방면)

日一率 元數 (借筭)
月二率 法數 (演筭)
星三率 顯數 (積步)
辰四率 隱數 (方面)

방제는 산대 하나를 빌려와 수율로 삼고, 먼저 상이 사율이고, 일률로 그것에 곱해 이율을 얻고, 다시 이율을 제곱하여 삼률에서 제한다.

方除借一筭爲首率 先商四率 以一率乘之得二率 復以二率除三率

☞ 1 (일률) → 상 → 일률×상 (이율) → 삼률−(이율)^2

【1】 지금 방전이 있는데, 넓이가 144 보다. 방면은 얼마인가?
산대를 늘어놓자.

今有方田 積一百四十四步 問方面幾何
布筭

일 1
이 10 (방법이 되고, 2배를 하면 염이 된다.)
삼 144 (즉 평방멱이다.)
사 12

一 一
二 一十 (爲方法倍爲廉)
三 一百四十四 (卽平方冪)
四 一十二

초상은 10, 속상은 2 보다.
初商一十 續商二步

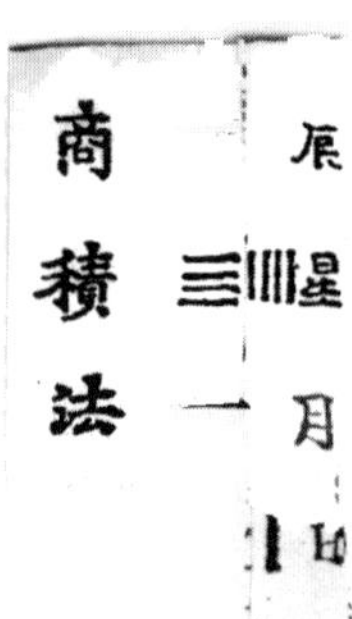

상		1		신
적	1	4	4	성
법		1		월
			1	일

☞ 1　　0　　−144　　⌊10

　　　10　　100

1　　10　　−44

　　　10

1　　20

1　　20　　−44　　⌊2

　　　2　　44

1　　22　　⌊0

【2】 지금 원전이 있는데, 넓이가 2352 보다.
(원전의) 지름은 얼마인가?

今有圓田 積二千三百五十二步 問圓徑

일　　0.75

일　　37.5 보

삼　　2352

사　　56

一　　○七五

二　　三十七步 五分

三　　二千三百五十二

四　　五十六

초상은 수율로 그것에 곱해서 이율을 얻어 방이 된다. 법은 실을 나누고 방을 2배해서 염이 된다. 속상은 수율로 그것에 곱하여 우가 된다. 염을 더해 다할 때까지 나눈다. (방과 원은 동일한다.)

初商以首率乘之得二率爲方 法除實倍方爲廉 續商以首率乘之爲隅 併廉除盡

(方圓同)

☞ $\frac{3}{4}d^2=2352 \rightarrow \quad d^2=3136$

$\rightarrow 0.75\times50=37.5$

```
1    0    -3136    ⌊50
     50    2500
---------------------
1    50    -636
     50
---------------------
1   100

1   100   -636    ⌊56
      6    636
---------------------
1   106      ⌊0
```

【3】 직전이 있는데, 넓이가 864 보이고 활은 장활보다 12 보 짧다. 활은 얼마인가?

今有直田 積八百六十四步 濶不及長十二步 問濶

일	1
이	12
삼	864
사	24

一	一
二	一十二
三	八百六十四
四	二十四

12 보, 즉 장활과의 차이는 그 이름이 교다.
이것이 바로 대종평방이다, 장활로 곱해서 활을 구하는 것은 상제에 들어가는 것이다. (규구와 차를 곱해서 방을 구하는 것은 넓이를 2배하여 그것을 구하는 것은 직전과 동일하다.)

十二步 卽長濶差 其名爲較
此是帶從平方 若以長積求濶者入商除 若圭句積差求方者倍積求之同直田

☞ $x(x+12)=144$

【4】 지금 방전과 원전이 각각 있는데, 한데 합치면 2268 보다.
방면[방전의 한 변]과 원경[원전의 지름]이 같다.
면경[한 변과 지름]은 얼마인가? (문제는 「산학계몽」에 있다.)

今有方圓田各 一共積二千二百六十八步 方面圓徑適等 問面徑 (題見啓蒙)

일	1.75	
이	52.5	(그것을 2배하면 염이다.)
삼	2268	(방의 한 변과 원의 지름이다.)
사	36	

一	一七五	
二	五十二步半	(倍之爲廉)
三	二千二百六十八	
四	三十六步	(方面圓徑)

☞ $x^2+\frac{3}{4}x^2=2268 \rightarrow 1.75x^2=2268$ ($\rightarrow x^2=1296$)

$1.75\times30=52.5$

1	0	−1296	⌊30
	30	900	
1	30	−396	
	30		
1	60		

1	60	−396	⌊6
	6	396	
1	66	⌊0	

【5】 지금 직전이 있는데, 넓이가 2052 보이고 장평화가 92 보다.
장과 평이 각각 얼마인가?
감종평방을 사용해서 풀어라.

今有直田 積二千五十二步只云長平和九十二步 問長平各幾何 開用減從平方

일	1	
이	92	(종방)
삼	2052	
사	38 평	
	54 장	(먼저 평을 구하고 평으로 감화하고 장을 얻는다.)

一	一	
二	九十二	(從方)
三	二千五十二	
四	三十八平	五十四長 (先求平 以平減和得長)

이 문제는 『산학계몽』의 〈입천원〉의 첫 번째 문제다.

此題卽啓蒙立天元第一問

☞ $x+y=92,\ xy=2052$

$\rightarrow x^2-92x+2052=0$

$\rightarrow (x-38)(x-54)=0$

【6】 지금 입방멱[정육면체의 부피]이 32768 자다.
방면(정육면체의 한 변)은 얼마가 되는가?

今有立方冪 三萬二千七百六十八尺 問爲方面幾何

산대를 늘어놓자. (풀어서 말하면 자기 자신을 서로 곱한 것을 멱이라 한다.)

布筭 (解曰自相乘之曰冪)

일	1	
이	900 (입방)	30 (평방)
삼	32768	
사	32	

一	一	
二	九百 立方	三十 (平方)
三	三萬二千七百六十八	
四	三十二	

평방삼은 하렴이고, 입방삼은 상렴이다.

平方三之爲下廉 立方三之爲上廉

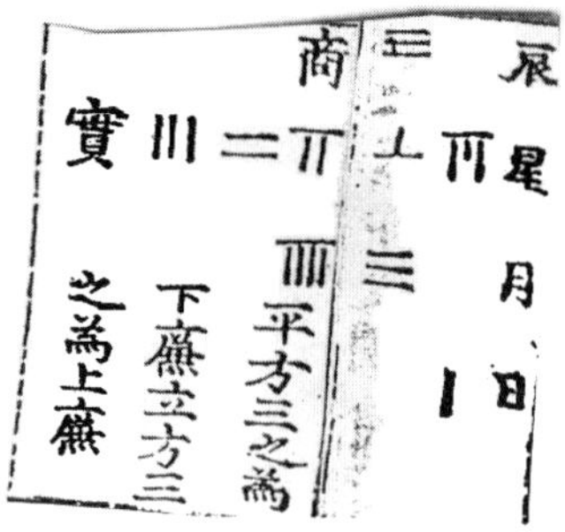
辰星月日

商

實

平方三之爲下廉

立方三之爲上廉

			상	3		신
실	3	2	7	6	8	성
			9	3		월
						일

☞

1	0	0	-32768	⌊30
	30	900	27000	
1	30	900	-5768	
	30	1800		
1	60	2700		
	30			
1	90			

1	90	2700	-5768	⌊2
	2	184	5768	
1	92	2884	⌊0	

【7】 지금 부피가 $133768\frac{288}{343}$ 자다.

입방면[정육면체의 한 변]은 얼마가 되는가?

(문제는 『산학계몽』에 있다.)

今有積一十三萬三千七百六十八尺 三百四十三分尺之二百八十八 問爲立方面幾何 (題見啓蒙)

일	1	
이	90000	(입방삼이 평렴이다.)
	300	(평방삼이 장렴이다.)

삼	45882712	
사	358	(각면이 방적분이다.)
	$51\frac{1}{7}$	(즉 입방면이다.)

一	一	
二	九萬	(立方三之爲平廉)
	三百	(平方三之爲長廉)
三	四千五百八十八萬二千七百一十二	
四	三百五十八	(乃每面方積分)
	五十一尺七分尺之一	(卽立方面)

자를 놓고 통분하면 삼률이 되고 그것의 입방을 풀어 방면적분을 얻는다. 그리고 분모를 가지런히 하기 위해 그것을 입방을 풀어 7을 얻는다. 적분을 나눠 입방면을 얻는다.

列尺通分爲三率 立方開之得方面積分 又列分母 立方開之得七 以除積分得立方面

☞ 1	0	0	−45882712	⌊300
	300	90000	27000000	
1	300	90000	−18882712	
	300	180000		
1	600	270000		
	300			
1	900			

1	900	270000	−18882712	⌊50
	50	47500	15875000	
	950	317500	−3007712	
	950	95000		
	1900	412500		

방제구결 方除口訣

방[제곱근]을 풀기 위해 상제를 사용하니
산대를 빌려와 일률로 삼는다.

상을 곱하여 월의 법을 얻고,
법으로 성의 실을 뺀다.

다음 상은 우방을 만나,
월을 2배 하면 염술이다.

적멱이 가장 알기 어렵지만,
이것으로 모두 찾을 수 있네. (위의 첫 번째 풀이는 평방이다.)

開方用商除　借筭爲日率
乘商得月法　以法除星實
次商見隅方　倍月爲廉術
積冪最難知　因玆可探悉　右一解平方

직적[직사각형의 넓이] 대화와 대교[두 변의 합과 차]다.
종방[일차항]은 손익을 드러낸다.

원법은 0.75를 얻고.
소거는 앞의 식을 사용한다.

자리를 건너뛰어 상산을 구하니
오직 넓이가 어느 정도인지를 본다.

백과 천은 십을 넘지 않고,
만을 채우면 방[제곱은]은 백이 된다. (위의 두 번째 풀이는 종방이다.)

直積帶和較　從方見損益
圓法得七五　約除用前式
隔位求商筭　惟看多少積
百千不離十　滿萬方爲百　右二解從方

입방, 이것은 세제곱하는 것,
그것을 풀어 5격을 늘어 놓는다.

일방은 육렴을 동반하고,
속상은 실적에서 뺀다.

입방의 상을 알고자 하면,
항상 두 자리씩 건너 띄운다.

천이 곧 십을 드러내고,
백만은 비로서 백이 된다. (위의 세 번째 풀이는 입방이다.)

立方是再乘　開之列五格
一方帶六廉　續商除實積
欲知立方商　二位常超隔
一千乃見十　百萬才爲百　右三解立方

입방을 푸는 방법 立方開法

이 계산은 1방 6렴 1우다.
앞의 문제에서 수율을 사용했고, 초상 30은 수율로 그것을 곱해 수를 얻어 평방이 된 것이다. 그리고 초상으로 평방에 곱해 수를 얻어 입방이 되면 계통을 갖춰 차율이 된다. 곧 입방으로 초상으로 실에서 뺀다.
입방삼은 상렴이고 평방삼은 하렴이다. 다음 상 2보는 수율로 그것에 곱해 우가 되면 하렴에 들어간다. 그리고 다음 상으로 그 수에 곱하면 상렴에 들어가고 상과 더불어 제실합진이라 부른다.
위는 입방본법이다.

此筭爲一方六廉一隅
用前題首問 初商三十以首率乘之得數爲平方 又以初商乘平方得數爲立方 俱係次率乃以立方與初商對呼除實
立方三之爲上廉平方三之爲下廉 續商二步以首率乘之爲隅八下廉 又以次商乘此數八上廉與商對呼除實恰盡
右立方本法

『산학계몽』에서는 염석문편의 문제 하나를 따로 사용한다. 입방멱은 17576 자다. 산대 하나를 빌려 6자 아래에서 놓고 우법이라 한다. 그것을 넘어 100자에 이르면 위의 상 20은 우로서 상을 곱하여 200을 얻으니 이것을 염법이라 한다. 또, 영으로서 상을 곱하여 사천을 얻어 방법을 부른다. 위의 상으로 하여금 실에서 8000을 뺀다. 염으로 상을 곱해 방법에 들어가, 위의 상을 나눠 다할 때까지 뺀다.

우로써 상을 나눠 영법으로 들어가고 또, 그것으로서 상을 곱해 방법으로 들어가고 또 우로써 상을 나눠 염법으로 들어간다. 바야흐로 한 번 물러나 염이 되고 두 번 물려 우가 되고 세 번 물려 속상이 된다. 6자는 우로써 상을 나눠 염법으로 들어가고 또 염으로 상을 곱해 방법에 들어간다. 이에 위의 상을 나눠 다할 때까지 뺀다.
위는 입방변법이다.

另用啓蒙釋錯門一題立方冪一萬七千五百七十六尺
借一筭於六尺之下名隅法 超至千尺上商二十 以隅因商得二千名廉法又以廉因商得四千名方法乃命上商除實八千
以隅因商入廉法又以因商入方法又以隅因商入廉法方一退廉再退隅三退續商六尺以隅因商入廉法 又以廉因商入方法乃命上商除盡
右立方變法

☞ 1	0	0	−17576	⌊20
	20	400	8000	
1	20	400	-9576	
	20	800		
1	40	1200		
	20			
1	60			

1	60	1200	−9576	⌊6
	6	396	9576	
	66	1596	⌊0	

소광 사율에 의거하면, 하나는 드러나 있고 셋은 숨겨져 있다. 그러므로 산대를 빌려서 수를 세워 허를 펼쳐내어 실을 구한다. 이것이 바로 자승의 환원이다. 산법에서 가장 오묘한 부분이기도 하다. 양휘가 말하길 "방을 푸는 것은 곧 산법 중에 큰 절목이다."라고 했으니 이것이다. 주세걸은 『산학계몽』 천원을 세우는 한 가지 법은 정부[양수와 음수]를 그려서 그 이치를 밝히고, 방원을 풀어 그 변화를 지극히 하였으니 진실로 이것이 산가의 상승이다. 근래에는 오직 임준[1] 선생만이 이해하여 이 경지에 이르렀다.

按少廣四率 一顯而三隱 故借筭以立數演虛而求實 卽自乘之還原也 在筭法最爲奧妙 揚輝曰開方乃筭法中大節目是也 朱世傑啓蒙立天元一法畵正負 以明其理 演方圓 以極其變 誠是筭家之上乘也 近世惟見任先生濬理會及此

1) 조선 중기 수학자로 자는 백심(伯深)이다. 사마시(司馬試)에 합격하여 순릉참봉(順陵參奉)·의금부도사·용궁현감·공조좌랑·평시서령(平市署令)·사재감청정 등을 지냈다. 『구장산술(九章算術)』에 능통하여 이르지 못한 바가 없었다. 참판 김시진(金始振)이 산서(算書)를 수집하다가 결락(缺落)부분이 있어 그에게 보완을 명하였는데, 나중에 원본을 찾아 보완한 부분을 대조해보니 정확히 들어맞아 그의 식견에 탄복하였다고 한다. 저술로는 『신편산학계몽주해(新編算學啓蒙註解)』가 있다.

5.3.3 소양수 少陽之數

삼의 삼 三之三

자모준승. (자와 모를 비교해서 나눈다.)
모든 사물의 크고 작음이 가지런하지 않은 것은 반드시 그 자와 모를 헤아려서 상준으로 쇠를 가지런히 한다. 따라서 그것을 자모준승이라 부른다. 서로 더하여도 밝히기 어려운 것은 중률을 놓고 그것과 교하는데[빼는데], 이것을 교쇠라고 부른다. 즉 『구장산술』의 「쇠분」이다. 쇠분의 차수가 쇠를 구하는 것인데, 이것을 차쇠라 부른다.
이 수는 승과 제를 겸해서 한 번 변하는데, 이것을 소양수라 한다.

子母準乘
凡物數之大小不齊者 必權其子母 而列衰以相準 故名曰子母準乘 其互和難明者立中率以較之名曰較衰 卽九章之衰分也 衰分之借數求衰者名曰借衰
此數乘兼除而一變 是謂少陽之數

일 일률	원수	(공모)	(총쇠)
월 이률	법수	(공자)	(총실)
성 삼률	현수	(분모)	(각쇠)
신 사률	은수	(분자)	(각실)

日一率	元數	(共母)	(縂(=總)衰)
月二率	法數	(共子)	(縂(=總)實)
星三率	顯數	(分母)	(各衰)
辰四率	隱數	(分子)	(各實)

자모준승은 분모로 총수[총합]가 일률이 되고, 총모로 얻은 사물의 실이 이율이 된다. 분모로서 열을 다르게 하여 그 각각을 기준으로 삼으니 이것이 삼률이 된다. 차율로서 준쇠를 삼고, 준승으로 그것을 구하여 사율의 각각의 자를 얻는다.

子母準乘以分母緫(=總)數爲一率 以總母所得物實爲二率 以分母另列各爲之宗爲三率 乃以次率爲準衰 以準乘求之得四率各子

【1】 4명의 상인이 함께 팔아서 얻은 이익이 6000냥인데, 각각 원금은 동일하게 출자하지 않았다. 갑의 원금은 60냥, 을의 원금은 100냥, 병의 원금은 120냥, 정의 원금은 200냥이다.
이익은 각각 얼마씩 나눠가지면 되겠는가?

今有四商共販得子銀六千兩 各出母銀不同 甲母六十 乙母一百 丙母一百二十 丁母二百 問每人該分子銀幾何

산대를 늘어놓자.

布筭

일	480		(각각의 쇠를 더한 것이 수율이다.)					
이	6000		(공자)					
삼	60	(갑)	100	(을)	120	(병)	200	(정)
사	750		1250		1500		2500	

一	四百八十		併各衰爲首率					
二	六千		共子					
三	六十	甲	一百	乙	一百二十	丙	二百	丁
四	七百五十		一千二百五十		一千五百		二千五百	

먼저 갑쇠를 늘어놓는다.

先布甲衰

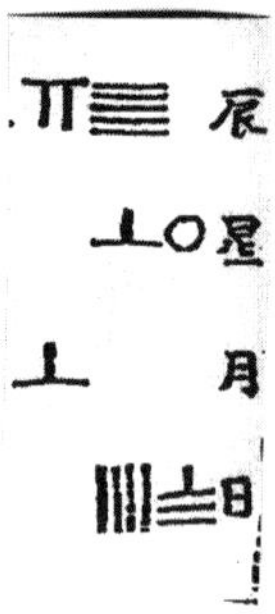

7	5		신
	6	0	성
6			월
	4	8	일

☞ $60+100+120+200=480$ (일률)

→ $60:100:120:200=x_1:x_2:x_3:x_4$

→ $x_1+x_2+x_3+x_4=600$

→ $x_1=\dfrac{60\times6000}{480}=750$ (갑), $x_2=\dfrac{100\times6000}{480}=1250$ (을),

$x_3=\dfrac{120\times6000}{480}=1500$ (병), $x_4=\dfrac{200\times6000}{480}=2500$ (정)

【2】 세 명이 함께 이익 45관 36문을 나눠야 하는데, 갑은 원금이 58관이고, 을은 45관이고, 병은 36관이다.
각각 이익을 얼마로 나누면 되겠는가?

今有三人共分息錢四十五貫三十六文 甲元錢五十八貫 乙四十五貫 丙三十六貫
問各分子錢幾何

일	139 관	(문제는 「산학계몽」에 있다.)	
이	45 관 36 문		
삼	58 (갑)	45 (을)	36 (병)
사	18관 792 문	14 관 580 문	11 관 664 문

一	一百三十九貫 (題在啓蒙)				
二	四十五貫三十六文				
三	五十八 (甲)	四十五 (乙)	三十六 (丙)		
四	十八貫 七百九十二文	十四貫 五百八十文	十一貫 六百六十四文		

☞ 58+45+36=139 (일률), 1 관=1000 문

→ $58:45=x_1\,x_2:x_3$

→ $x_1+x_2+x_3=45.036$

→ $x_1=\dfrac{58000\times45036}{139000}=18792$ (갑), $x_2=\dfrac{45000\times45036}{139000}=14580$ (을),

$x_3=\dfrac{36000\times45036}{139000}=11664$ (병)

【3】 곡식 240섬을 5명에게 나눠주려고 한다.
갑, 을 2명과 병, 정, 무 3명이 서로 같다.
5명이 각각 얼마인간?

일	30				
이	240 섭				
삼	4 (무)	5 (정)	6 (병)	7 (을)	8 (갑)
사	32섬	40섬	48섬		
	56섬	64섬			

一	三十				
二	二百四十石				
三	四 (戊)	五 (丁)	六 (丙)	七 (乙)	八 (甲)
四	三十二石	四十石	四十八石		
	五十六石	六十四石			

【4】 네 명의 상인이 함께 이익 340냥을 얻었다. 그 원금은 4명이 차례로 더했다. 단지 갑의 원금이 286냥이라는 것만 안다.
나머지를 차례로 빼면 각각 얼마인가?

問四商共得子銀三百四十兩 其母以四遞加 但知甲原母二百八十六兩 餘遞減各該若干

일	13 (갑쇠)	11 (을쇠)	9 (병쇠)
이	286	(갑모)	
	186	(을모)	
	286	(병모)	
삼	9	(을쇠가 9이면 갑쇠는 13인 것을 알 수 있다.)	
	7	(병쇠가 7 이면 을쇠는 11인 것을 알 수 있다.)	
	5	(정쇠가 5이면 병쇠는 9인 것을 알 수 있다.)	
사	198	(을의 모)	
	126	(병의 모)	
	70	(정의 모)	

一	十三	(甲衰)
	十一	(乙衰)
	九	(丙衰)
二	二百八十六	(甲母)
	一百九十八	(乙母)
	一百二十六	(丙母)
三	九	(乙衰九則甲十三可知)
	七	(丙衰七則乙十一可知)
	五	(丁衰五則丙九可知)
四	一百九十八	(乙之母)
	一百二十六	(丙之母)
	七十	(丁之母)

살펴보면, 이것은 갑의 모가 13, 을의 모가 11, 병의 모가 9, 정의 모가 7을 비교하면 네 가지를 번갈어 더해서 갑모는 286을 얻고 13으로 그것을 나눠서 일분이 22가 된다. 22에서 4를 빼서 18이 되고 18로 을모를 나눠 198을 얻어 11이다. 18에서 4를 빼서 14가 되고 14로 병모를 나눠 126을 얻으면 9가 된다. 14는 4를 빼서 10이 되고 10으로 정모를 나눠 70을 얻으면 7이 된다. 그러므로 네 모는 그것을 얻어 네 가지가 번갈어 네 모를 더해 그것은 원래 네 가지를 번갈아 더한 것에서 나온 것으로 미루어 알 수 있다.

按此甲母十三乙母十一丙母九丁母七　似於以四遞加而甲母所得二百八十六以十三除之則一分爲二十二也 二十二減四爲十八以十八除乙母所得一百九十八則爲十一也十八減四爲十四以十四除丙母所得一百二十六則爲九也 十四減四爲一十以一十除丁母所得七十則爲七也 然則四母所得之數非但以四遞加四母所出之原 亦以四遞加細推可知也

일	680	(병모)		
이	340	(총자)		
삼	286	(갑)	198	(을)
	226	(병)	70	(정)
사	146		99	
	63		35	

一	六百八十	(倂母)		
二	三百四十	(總子)		
三	二百八十六	(甲)	一百九十八	(乙)
	一百二十六	(丙)	七十	(丁)
四	一百四十三		九十九	
	六十三		三十五	

산서에서 쇠분장은 삼칠 또는 사육 차로 분등하여 법은 쇠를 증가시킨

다. $\frac{6}{10}$과 $\frac{2}{10}$를 번갈아 빼는 것은 쇠를 빼고 번갈아 서로 곱하는 것과 같다.
쇠는 체승과 마땅히 서로 생각한다.

筭書衰分章三七四六差分等法係增衰如十分之六十分之二遞減者係減衰當與遞乘互攷(=考)

【5】은 꾸러미 금방 한 치가 합해서 무게가 904냥이다.
매 은방은 한 치에 무게는 12냥, 한 치 되는 금방은 16냥인데 각각 얼마인가?

問銀裹金方四寸共重九百零四兩 每銀方寸重十二兩 金方寸重十六兩 各若干

4치로 두 번 제곱하여 입방을 얻는다. (64) 금과 은을 통분해서 (금은 일천 이십 사냥, 은은 칠백 육십 팔 양) 율을 의지해서 그것을 이루어본다.

此以四寸再自乘得立方 (六十四) 以通金銀 (金一千二十四兩銀七百六十八兩) 依率推之

입	904	
금	1024	136
은	768	120
차적	256	

立	九百○四	
金	一千二十四	(一百三十六)
銀	七百六十八	(一百二十)
差積	二百五十六	

일	256		
이	64 치		
삼	236		
	120		
사	136		곱해서 오백오십사 양을 얻는다.
	34		(곱해서 360 냥을 얻는다.)

一	二百五十六		
二	六十四寸		
三	一百三十六	一百二十	
四	三十四 乘得五百四十四兩	三十	乘得三百六十兩

【6】 산초는 1 근에 4 전이고 정향은 1 근에 3 전이고 계피는 1근에 6 전이고 아위[미나리류]가 1근에 1 냥이고 축사는 1 근에 8 전이다.
지금 은 7 전으로 다섯 가지 물건을 모두 사려면 1 근에 각각의 물건은 얼마인가?

問川椒一斤價四錢 丁香一斤價三錢 桂皮一斤價六錢 阿魏一斤價一兩 縮砂一斤價八錢 今以銀七錢買五色共一斤每色該得若干

이것은 7 전을 세워서 주로 삼고 다음 열은 5가지 차이를 비교한다. 차례에 의거하여 서로 열을 지워놓고 그 위치를 순서대로 바꾸어 본다. 대체로 대가 있는 것은 서로 대를 맞추고 (산초와 축사가 서로 대가 되고 정향과 아위가 서로 대가 된다.) 대가 없는 것은 따로 하나의 대를 구하여 한다. 계피는 대가 없기 때문에 축사를 빌려 대를 만들고 또 계피를 나열하여 그것을 비교하여 축사에서 하나로 맞추어 옆의 것으로 그것을 비교한다. 무릇 서로 대가 되고 서로 위치가 맞는 것은 힘써 세워놓은 값에서 하나의 큰 것을 취하고, 세워 놓은 것에서 작은 것을 취한다. 예를 들어, 축사의 수는 후추에 비해 큰데 그것을 헤아려 약간 차이가 난다. 차이를 더해 일률로 삼고, 1근을 차율로 삼고, 각 교를 더해 삼률로 삼는다.

(위의 두 문제는 교쇠다.)
(이 문제는 3, 4단이 있고 변법은 곰곰이 생각해 보라.)

此立七錢爲主 次列五色較 其所差依次互列順易其位大抵 有對者對互 (椒砂互丁魏互) 無對者另求一對 (桂無對借砂作對而互又列桂較之一于砂較之傍) 凡相對互位者務取一大于立價一小于立價 如砂數大對椒數之小 以差併爲一率 一斤爲次率 併各較爲三率 (右二題較衰) (此題又有三四段 變法惟在詳思)

	입	7 전	
산초	4		1
정향	3		3
계피	6		1
이위	10		4
축사	8		13
차적	13		

	立	七錢	
椒	四		一
丁	三		三
桂	六		一
魏	十		四
砂	八		十三
差積	十三		

일	13				
이	1 근				
삼	산초 1	정향 3	계피 1	아위 4	축사 4
사	$\frac{1}{13}$	$\frac{3}{13}$	$\frac{1}{13}$	$\frac{4}{13}$	$\frac{4}{13}$

一　十三

二	一斤				
三	一 椒	三 丁	一 桂	四 魏	四 砂
四	十三分斤之一	十三之三	十三之一	十三之四	十三之四

(혹은 28로 차적으로 삼고 축사, 정향, 계피는 각각 4, 축사와 아위는 각각 3, 혹은 13을 차적으로 삼고 정향과 계피가 각각 1, 산초와 아위가 각각 3, 축사 5, 혹은 16으로 수율을 삼고 산초가 3, 정향이 2, 계피가 1, 아위가 4, 축사가 6이다)

(或以二十八爲差積 椒丁桂各四 砂魏各三 或以十三爲差積 而丁桂各一 椒魏各三 砂五 或以十六爲首率 椒三丁二桂一魏四砂六)

쇠를 빌린 수는 숨겨져 있고, 쇠분이 아니면 얻을 수 있다. 그러면 따로 허수를 빌려 유로서 그것을 구하는데, 이것이 자모의 변수다. (일은 연산이고 월은 차산이고 성은 현수이고 진은 은수이고 또한 준승에 의지해서 그것을 구한다.)

借衰者數有隱 非衰分所可得 則別借虛數以類徵之 卽子母之變數也
(日演筭月借筭星顯數辰隱數亦依準乘求之)

【7】 어떤 수의 $\frac{1}{2}$, $\frac{1}{3}$, $\frac{1}{4}$, $\frac{1}{5}$, $\frac{1}{6}$을 모두 합해 522를 얻었다. 원래 수는 얼마인가?

問二分之一 三分之一 四分之一 五分之一 六分之一 共倂得五百二十二數 其原數幾何

먼저 하나의 통수를 세워 각각의 모를 겸하는 것이 가능하고 60을 빌려 주가 되고 법에 의지해서 그것을 나누는 것이 가능하다. (합해서 $\frac{1}{2}$이 30이고 그 $\frac{1}{3}$이 20이고 그 $\frac{1}{4}$이 15이고 그 $\frac{1}{5}$이 12이고 그 $\frac{1}{6}$이 10이다.) 나란히 각 율은 (합해서 87) 수율이 되고 통수로서 차율이 되고 87이 60에서 나온 것을 알면 522가 어떤 수에서 나왔는지 짐작할 수 있다.

此先立一通數可兼各母者如借六十爲主依法分之 (共二之一爲三十其三之一爲二十其四之一爲十五其五之一爲十二其六之一爲一十) 併各率 (共八十七) 爲首率以通數爲次率知八十七出於六十則五百二十二之出於何數可推也

일	87	
이	60	(360의 $\frac{1}{2}$은 180, 그것의 $\frac{1}{3}$은 120)
삼	522	($\frac{1}{4}$은 90, $\frac{1}{5}$은 72, $\frac{1}{6}$은 60)
사	360	(모두 522다.)

一	八十七	
二	六十	(三百六十其二之一乃一百八十 其三之一乃一百二十)
三	五百二十二	(其四之一乃九十 其五之一乃七十二 其六之一乃六十)
四	三百六十	(共五百二十二數)

【8】 하나의 허수를 세워 4를 곱해서 수를 얻고, 또 3을 곱해서 수를 얻고, 또 6을 곱해서 얻고 거기에 1을 더해서 모두 800이 된다.
허수를 세운 것이 얼마인가?

問立一虛數以乘四得數又以乘三得數又以乘六得數外加一十共八百其所立虛數幾何

이 법은 먼저 더한 것을 나누고 790으로 계산을 해서 또한 하나의 통수를 빌려서 10이 주가 되고 각 수를 곱한다. (4를 곱하고 40을 얻고 또 3을 곱하고 110을 얻고 또 6을 곱하고 720을 얻는다) 나란히 제 일률이 되고 수를 빌려서 차율이 되고 720이 10에서 나온 것을 안다면 790이 어떤 수에서 나왔는지 알 수 있다.

此法先除所加 只以七百九十起筭 亦借一通數 如借一十爲主 以遞乘各數 (乘四得四十 又乘三得一百十 又乘六得七百二十) 併爲第一率 以借數爲次率 如知七

百二十出於一十 則知七百九十之出於何數矣

일 720

이 10

삼 790

사 $10\frac{35}{36}$ (4를 곱해서 43을 얻고 또 $\frac{8}{9}$은 다시 3을 곱해 131을 얻고 또 $\frac{2}{3}$는 또 6을 곱해 790 얻어 10을 더하면 물음에 답한 것이다.)

一 七百二十

二 一十

三 七百九十

四 一十又三十六之三十五 (以乘四得四十三 又九之八再以乘三得一百三十一 又三之二 又乘六得七百九十 加一十 合問)

【9】 양을 치는데 양의 수는 알지 못한다. 단지 1마리를 더하면 2배가 되고, $\frac{1}{2}$을 더하고 $\frac{1}{4}$을 더하고 거기에 1을 더하면 100이 된다. 그 원래 수는 얼마인가?

問牧羊不知數但云加一倍又加二之一又加四之一外加一得一百其原數若干

이것은 또한 제거이고 수를 더해 단지 99가 숙률이 되고 하나의 통수를 빌려 20을 빌려 중률이 되고 일배를 더하고 (24) $\frac{1}{2}$을 더하고 (육) $\frac{1}{4}$ (삼)을 더하고 아울러 33을 얻어 맹률이 되고 법에 의지해서 그것을 짐작할 수 있다.

此亦除去加數 只以九十九爲叔率 另借一通數 如借十二爲仲率 加一倍 (二十四) 加二之一 (六) 四之一 (三) 併得三十三爲孟率 依法推之

일　33
이　12
삼　99
사　36　(이것의 2배는 72가 되고, $\frac{1}{2}$을 더하면 90이고, $\frac{1}{4}$을 더하면 99이고 1을 더하면 100이다.)

一　三十三 如借一十八則以四十九羊爲者率
二　十二
三　九十九
四　三十六 (倍之爲七十二 加二之一得九十 加四之一得九十九 外加一得一百)

【10】 동산에 들어가서 오이를 따는데 $\frac{2}{3}$를 따고, 또 $\frac{3}{5}$을 따서 36 개의 오이가 남았다.
원래 오이는 몇 개인가?

問入園摘瓜摘過三分之二又五分之三尚餘三十六 瓜原有幾瓜

먼저 하나의 통수를 구해서 300을 빌려 $\frac{2}{3}$(200을 나눈다)와 $\frac{3}{5}$(60을 나눈다)을 내감한다. 단지 남은 40을 일률로 삼고, 수를 빌려 이율로 삼고, 법에 의거해서 그것을 짐작할 수 있다.

先求一通數　如借三百內減三之二(除二百)五之三(除六十)　只餘四十爲一率 以借數爲二率 依法推之

일　40
이　300
삼　36

사 270

一 四十 (右所云三之二又五之三者併之未滿原數 故可以右法推之若云三之)
二 三百 (二又五之三則?于原數知其虛不必筭矣)
三 三十六
四 二百七十 (原?數)

자모를 환원해서 각 실이 미쳐 총모가 되고 각 쇠는 총모로서 준표가 되어 월률이 되고 총자는 일률이 되고 각 자는 성률이 되고 준표로서 그것을 구해 신률을 얻어 각 쇠는 또한 준승이다.

子母還元 以各實及總母求各衰者 以總母爲準表 月率總子爲日各子爲星 以準表求之得辰率各衰亦準乘也

살펴보면, 쇠분법을 문제를 가지고 보자면, 곧 중률인 총자는 현수와 비슷하다. 이치로 미루어 본다면, 숙률인 분모는 마땅히 현수가 되어야 한다. 대개 총자는 비록 실수지만 도리어 공모의 총득이니 준승의 원래의 값과 같다. 분모의 각 쇠는 바로 각각의 수에 그것을 드러냈으니 또한 오직 준승의 금물과 같다. 알지 못하는 것은 분모가 얻은 바의 각자(각각의 분자)의 자이니, 분모로서 구하자면 각각의 자가 똑바로 부여되는 것이고, 공모로서 구하자면, 그 이치를 총실로 한다. 그 각자를 얻는다면 바로 공모로 총실을 구한다. 그 이치는 하나이니 보는 사람이 자세히 살펴보라. 쇠를 빌리는 법은 허를 빌려 실을 증명하고 객을 빌려 주를 드러내는 것이니 산술이라는 하나의 법이 여기에 이르면 칠푼을 얻은 것이다. (각각의 자를 구하는 것은 격물과 같아서 각각의 태극을 갖추고 있는 것과 같은 이치다. 총실은 치지와 같아서 본체를 통제하는 태극과 같은 이치다.)

이 분모가 그것을 얻어 각자는 분모로서 각 자를 구하고 공모로서 총실을 구한다. 그것을 일반화해서 쇠의 법을 빌려 허수를 빌려 주가 되고 하나의 법을 계산하여 이것은 이미 7푼을 얻는다.

按衰分之法以題觀之則仲率總子似爲顯數　而以理推之則叔率分母當爲顯數 蓋總子雖是實數却是共母之總得猶準乘之原價也 分母各衰乃是見在之各數亦猶準乘之今物也 所不知者乃是分母所得之各子以分母而求各子正與以共母而求總實 其理一般覽者詳之 借衰之法借虛而徵實借客而形主 別是一法筭術到此已得七分矣 (求各子如格物猶各具之太極求總實如致知猶統體之太極也)

5.3.4 소음수 小陰之數

사의 삼 四之三

구고준제

사물의 상[모양]의 높이와 거리를 재기 어려운 것은 반드시 그 구고를 재서 표를 세워 상준한다[서로 비교한다]. 그러므로 이름을 구고준제라 부른다. 멀리 떨어져서 구하기 어려운 것은 중차를 세워 그것을 잰다. 그것을 중고라 부른다. 즉 『구장산술』의 「구고」다. 이 수는 제[나눗셈]가 승[곱셈]을 겸해서 한 번 변하는데, 이것을 소음수라 한다.

勾股準除

凡物象之高遠難測者必度其勾股而立表以相準 故名曰勾股準除 其隔絶難求者立重差以測之 名曰重勾 卽九章之勾股也

此數除兼乘而一變 是謂少陰之數

일 일률	원수	(큰 구는 표의 앞의 거리)
월 이율	법수	(작은 고는 표의 높이)
성 삼률	현수	(작은 구는 표의 뒤의 거리)
신 사율	은수	(큰 고는 실제 높이)

日一率	元數	(大勾表前距度)
月二率	法數	(小股表高)
星三率	顯數	(小勾表後距度)
辰四率	隱數	(大股實高)

☞ 이율 : 삼률＝사율: (일률＋삼률)

구고준제는 표의 앞의 거리인 큰 구를 수율로 삼고, 표의 높이인 작은 고를 차율로 삼고, 표의 뒤의 거리인 작은 구는 삼률이 된다. 곧 차율이 준표가 되어 준제로서 그것을 구해서 사율인 큰 고를 얻는다. 이렇게 하는 까닭은 높이를 재는 모든 기술은 먼저 구 사이에 표 하나를 세우고 멀리 똑바로 바라보면 사물의 뿌리에서 사람의 눈까지의 거리가 통상적으로 구가 되고, 사물의 높이가 통상적으로 고가 된다. 사물의 꼭대기에서 비스듬히 기울어져서 사람의 눈까지 이르는 것은 통상적으로 현이 된다. 이 현은 안과 밖으로 두 개의 구와 고로 나눈다. 각각은 직전을 포함한다. 한 조각은 안쪽의 세로로 누운 직사각형의 넓이와 바깥쪽 직사각형의 넓이는 서로 같다. 세워진 직사각형의 길이는[바로 세운 것의 길이는] 바로 사물의 높이의 정도와 상준이다. 그러므로 먼저 횡직의 곱을 재고, 뒤에 작은 구로 그것을 나누어 유사하게 수직의 길이를 얻는데, 이것이 큰 고의 값이다. 표의 높이를 사람의 눈 높이에 더해서 사물의 실제 높이를 얻는다. 깊은 것을 재고 먼 곳에 이르는 것을 각각 이 방법으로 유추하여 그것을 구한다.

勾股準除 以表前距度大勾爲首率 以表高小股爲次率 以表後距度小勾爲三率 乃以次率爲準表 以準除求之得四率大股 所以然者凡度高之術 先立一表於勾間 遠望參直 以物根距人目爲通勾 以物高爲通股 物頂斜至人目爲通弦 弦之內外分二勾股 各容直田 一段內橫外竪二積相同 而竪直之長正與物高之度相準 故先測橫直之積 後以小勾除之恰得竪直之長 是爲大股之數 併表高加人目得物高實 度測深致遠者各以此法反隅求之

【1】 장대가 있는데 그 높이를 알지 못한다. 장대 다리를 따라 25자 떨어진 곳에 1장 길이의 표를 세우고, 표에서 뒤로 물러나 5자를 걸은 다음에 장대와 표를 바라보며 평평하게 가지런하게 한다.
사람의 눈 높이는 4자다. 장대의 길이는 얼마인가?

今有竿不知高 從竿脚 量遠二十五尺 立一丈表 表後退行五尺 望表 與竿齊平 人目高四尺 問竿高幾何

일	25 자	(큰 구)
이	1 장	(법 4 자인 사람 눈 높이는 6 자인 작은 고를 사용한다.)
삼	5 자	(작은 구)
사	40 자	(장대 높이)

一	二十五尺	(大勾)
二	一丈	(法四尺人目用六尺小股)
三	五尺	(小勾)
四	四十尺	(竿高)

표의 높이 1 장으로 사람의 눈 높이 4 자에서 빼면 6 자가 남고 이것이 소고가 된다. 율에 의지해서 그것을 미루어 구한다.

以表高一丈 減人目四尺 餘六尺爲小股 依率推之

☞ 이율 : 삼률＝사율: (일률＋삼률)

→ 6 자 : 5 자＝은수 : (25+5) 자

→ 은수＝36

→ 36+4(눈 높이)=40

【2】 바다로 떨어져 있는 산을 바라보고, 표 2개를 세운다. 각각의 높이는 5 보이고 서로 앞뒤로 1000 보 떨어져 있다. 앞뒤에서 똑바로 바라보니 앞의 표에서 123 보 물러나 사람 눈을 땅에 붙이고 섬을 쳐다보면서 앞의 표부터 가지런히 쳐다보고 다시 뒤의 표를 따라 127 보 물러나 사람의 눈을 땅에 붙이고 섬의 산을 쳐다보고 또한 뒤의 표에서 쳐다보아 시선을 가지런하게 한다.
섬의 높이와 앞의 표까지 섬의 거리는 얼마인가?

問隔海望山立二表高各五步 相去千步前後參直 從前表却行一百二十三步 人

目着地取望島山與前表參齊 復從後表却行一百二十七步人目着地取望島山亦與後表參齊 問島高及島距前表幾何

일	1000 보	(큰 구)
이	5 보	(작은 고인 표의 높이)
삼	4 보	(작은 구의 교(차이), 127-124)
사	4 리 55 보	(6 자가 1 보가 되고, 300 보가 1 리가 된다.)

一	一千步	(六勾)
二	五步	(小股表高)
三	四步	(小勾較)
四	四里五十五步	(六尺爲一步 三百步爲一里)

표의 높이를 표 사이의 거리에 곱한다. 상다가 법이 되어 그것을 나누고 표의 높이를 더해 섬의 높이를 얻는다.
(앞의 표 작은 구로서 뒤의 표 작은 구를 빼고 남은 것이 교가 되는데, 이것이 상다가 된다.)

以表高乘表間以相多爲法除之加表高得島高
(以前表小勾減後表小勾餘爲較是爲相多)

☞ 상다: 127－123＝4

일	1000 보	(큰 고)
이	123 보	(앞의 표의 작은 구)
삼	4 보	(소구의 차이)
사	102 리 150 보	(오른쪽 두 문제는 『산학계몽』 부록에 있다.)

又一　一千步　大勾

二	一百二十三步	前表小勾
三	四步	小勾較
四	一百二里一百五十步	右二題見啓蒙附錄

앞의 표로 물러나서 표 사이의 거리를 상다에 곱한 것이 법이 되어 그것을 나눠 섬까지의 거리를 얻는다.

以前表却行乘表間以相多爲法除之得島遠

☞ $(x+1127):h=127:5,\ (x+123):h=123:5$

$\rightarrow \quad \dfrac{x+123}{123}=\dfrac{x+1127}{127}$

$\rightarrow \quad 4x=123(1127-127)$

$\rightarrow \quad x=30750=(300\times 102)+150$

$(30750+123):h=123:5$

$\rightarrow \quad 123h=5\times 30873$

$\rightarrow \quad h=1255=(300\times 4)+55$

살펴보면 양휘가 말하길 바다의 섬은 중차를 술로 삼는다. 앞의 표에서 목원을 제거하면 소고가 가운데 한 조각의 넓이를 포함한다. 뒤의 표는 목원을 버린다. 큰 고 중에 한 조각의 넓이를 포함한다. 옛날 사람들은 표의 높이로 표 사이의 거리를 곱해서 실로 삼는다. 앞의 그림의 조금 남은 고에서 뒤의 그림의 많이 남은 고를 빼서 남는다. 편간을 곱하여 현의 바깥의 높이를 구하는데, 본래 이것이 대용적을 빼고 소용적을 남기는 것이 실이 되고 대여고는 서여고를 빼서 법이 되는데 법으로 실을 나누고 표의 높이를 더한다. 사람의 눈의 높이는 통상 대의 실이 된다.

(양휘가 말하길 물에 떨어져서 나무 두 그루를 바라본다. 문제에서 앞의 표가 바로 첫 번째 그림이고 뒤의 표가 바로 두 번째 면이다.)

按揚輝曰海島以重差爲術 前表去木遠乃小股中容積一段 後表去木遠乃大股中 (此是勾大於勾爲股觀者股故詳之) 容積一段以小容積減大容積其餘減不盡者正在前後表兩界之中各表間積 所以古人以表高乘表間爲實 以前圖小餘股減後圖大餘股以餘除表間積得弦外之高 本是大容積減小容積餘爲實 大餘股減小餘股餘爲法 以法除實加表高增 人目高爲大之通長 (揚輝設隔水望木二題前表是第一圖後表是第二面)

이평경측고 (평평한 거울로 높이를 잰다)

以平鏡測高

(우수(사발에 담긴 물)를 사용하는 것 또한 동일하다.)

(用盂水亦同)

갑을의 높이를 알고자 한다면, 병에 평평한 거울을 놓고 사람은 정에 서서 그 병정을 평평하게 취한다. 사람의 눈의 위치는 무에 있다. 사물의 꼭대기 갑을 향해 점점 이동한다. 지금 사람의 눈이 갑을 보고 거울의 중심에 있으면 갑의 그림자는 거울의 중심을 따라 목표를 맞춰야 되는 눈은 곧 정에서 병까지의 거리를 재서 수율로 삼고, 정무는 차율로 삼고, 을병은 삼률로 삼아, 그것을 계산하여 갑을의 높이를 얻는다. (이하는 『천학초함』에 나온다.)

欲知甲乙之高 置平鏡于丙人立于丁 其丙丁取平 人目在戊向物頂之甲稍移就之 今目見甲在鏡中心而甲影從鏡心射目 乃量自丁至丙之度爲首率 丁戊爲次率 乙丙爲三率 筭之得甲乙高 (以下出天學初函)

☞ 수율 : 차율 = 삼률 : 높이(갑을)

이표측지평원 (표로서 지평선의 거리를 잰다)

以表測地平遠

갑에서 갑을의 길이를 재고자 한다면, 지평선에 병갑인 표를 세운다. 점점 짧게 해서 다시 반 걸음 물러서서 무에서 바라보면 눈은 정에 있고 표의 끝 병과 그 길이를 볼 수 있고 을을 일직선으로 바라본다. 다음에 병으로 움직이면 기에서 재서 절취한다. 정기를 수율로 삼고, 갑무는 차율로 삼고, 병갑인 표의 길이는 삼률로 삼아 계산해서 갑을의 거리를 구한다.

欲于甲測甲乙之遠 依地平立丙甲表 稍矬干具以便窺望次却立于戊 目在丁視表末丙與遠際乙相參直 次移丙度于己截取 丁己爲首率 甲戊爲次率 丙甲表度爲三率 筭得甲乙之遠

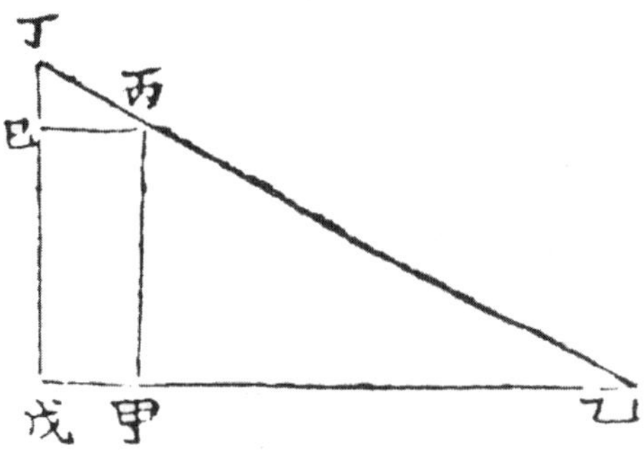

☞ 수율 : 차율＝삼률 : 거리(갑을)

이중거겸측무광지심무심지광

(중과 거를 겸하여 무광지심과 무심지광을 측정한다)

以重矩兼測無廣之深無深之廣

벽이 있고 깊은 골이 있는데 갑을의 길이를 알지 못한다. 을병의 깊이를 알려고 한다면, 중구법을 사용한다. 먼저 갑의 언덕 위에서 직선으로 내려서 의지해서 아래에 직선을 그려 무갑기를 세워 구고구자를 재고 그 갑기 구의 길이는 육자고 사람이 고를 따라 위에서 구와 기를 보면 병 아래에 함께 할 수 있다.

有壁立深谷 不知甲乙之廣 欲測乙丙之深則用重矩法 先于甲岸上依垂下直線立戊甲己勾股矩尺其甲己勾長六尺 人從股尺上 視勾末己與谷底丙相參直以目截取戊甲股上之庚庚甲之高得五尺 次又于甲上依垂下直線取壬 壬去甲一丈五尺于壬上亦依垂直線 便立一辛壬癸勾股矩尺壬癸勾亦長六尺從股尺上視勾末癸與谷底丙相參直而以目截取辛壬股上之子辛壬之高八尺 如欲求深者以前股所得庚甲五尺與兩勾間壬甲十五尺相乘 得七十五尺爲實 以兩股所得庚甲辛壬相減之較辛子三尺爲法 除之卽得乙丙深二十五尺 如欲求廣者以勾六尺與兩股間十五尺相乘得九十尺爲實 以辛子三尺爲法 除之卽得甲乙之廣三十尺 (測深)

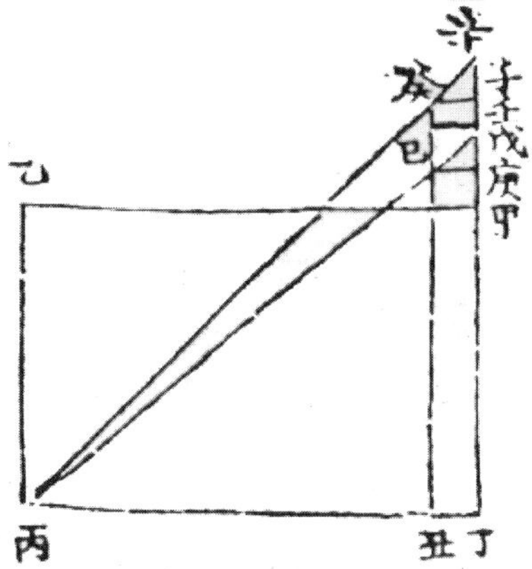

이표측고 (표로서 높이를 잰다)

以表測高

이미 을무의 길이를 알고 갑을의 높이를 재려고 한다면 병에서 표를 세워 정이 된다. 병에서 물러서서 무에 서서 을병무가 극평선이 되도록 하고 사람의 눈은 기에서 표를 보면서 정에서 사물의 꼭대기인 갑을 보면서 똑바로 쳐다보면서 다음에는 눈에서 발까지의 길이를 재고 움직여서 표를 위에 두면 신이 되어서 정신의 수로 잘라서 그 신이 선과 을병무가 평행이 된다. 그 표와 신경을 거의 같게 하고 혹은 신보다 작으면 따로 하나를 세워 작은 표가 기무가 된다. 눈으로 그것을 잘라서 기가 되면 또한 가능하다. 곧 병무로서 수율이 되고 정신은 차율이 되고 을병은 삼률이 되고 그것을 계산해서 갑경의 높이를 얻어서 눈에서 발까지의 거리를 더해서 기무, 즉 갑을의 높이를 얻는다.

已知乙戊之遠而欲測甲乙之高 立表于丙爲丁丙 退立于戊置乙丙戊爲極平線 人目在己視表示丁至物頂甲相參直次量目至足數移置表上爲辛 以截取丁辛之數 其辛己線與乙丙戊爲平行若其表僅與身等或小于身則別立一小表爲己戊而以目切之爲己末可 乃以丙戊爲首率 丁辛爲次率 乙丙爲三率 筭之得甲庚之高加目至足之數己戊 卽得甲乙之高

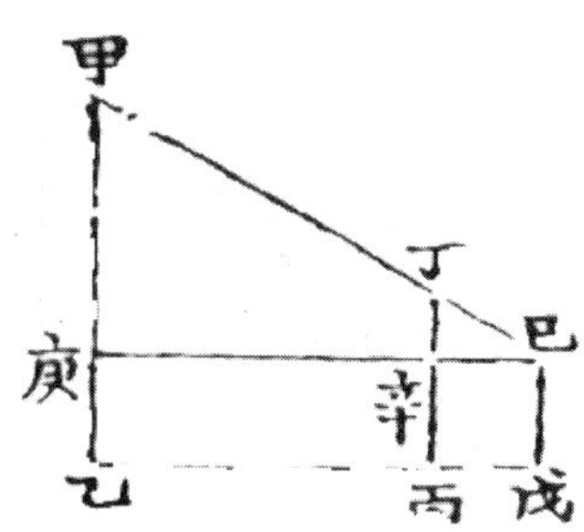

만약 무가 을에 미칠 수 없거나 닿지 못한다면 두 표의 교(차이)를 사용하는 것은 다음과 같다. 앞의 그림에서 무의 자리에 서서 눈을 기에 놓

고 정에서 갑까지 바라보고 기를 움직여 신에 놓고 정신의 수(값)를 얻는다. 곧 앞으로 가거나 뒤로 물러나고 또한 표 하나를 세워 (앞의 표를 사용하여 두 표가 같게 된다.) 계임이 되고 눈은 축에 있어 계에서 갑 망까지 바라본다. 또한 축을 움직여 인에 이르러 계인의 수(값)를 얻는다. 이런 계인과 정신의 각도가 서로 같으면, 축인의 각도는 반드시 기신의 각도보다 작다. 서로 빼면서 묘에서 기신을 끊고 묘신의 교(차이)를 얻으니 이것이 수율이 되고 표와 목을 서로 뺀 것의 교가 계인이다. 혹은 정신이 이율이 되고 양쪽 눈의 거리의 교는 기임이다. 혹은 무자가 삼률이 되어 그것을 계산해서 갑경을 얻고 눈에서부터 발까지의 수(길이)를 더해서 갑을의 높이를 얻는다. (앞의 그림은 앞으로 나아가서 중표를 세운 것이고 뒤의 그림은 뒤로 물러서서 중표를 세운 것이다.)

若戊不欲至乙 或不能至 則用兩表之較爲筭 如前圖立于戊目在己望丁至甲移己置辛得丁辛數 乃或前或却又立一表(或卽用前表或兩表等)爲癸壬目在丑望癸至甲 亦移丑至寅得癸寅數此癸寅與丁辛之度相同而丑寅度必小于己辛度以相減截己辛于卯得卯辛較爲首率以表目相減之較癸寅或丁辛爲二率以兩目相距之較己丑或戊子爲三率筭之得甲庚 加自目至足之數得甲乙之高 (前圖爲進步立重表者 後圖爲退步立重表者)

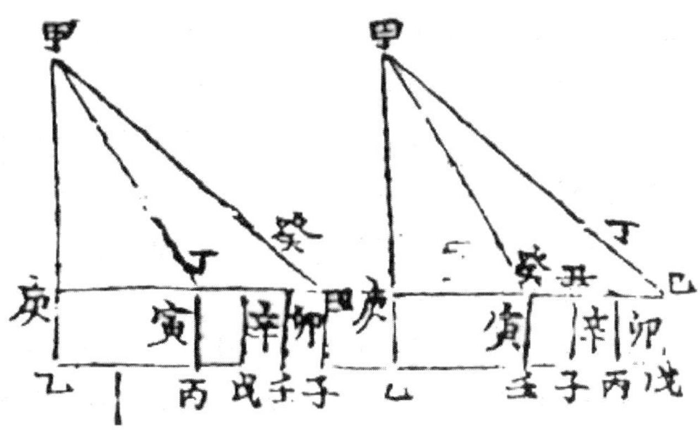

이구도측원도고 (구도로서 거리, 각도, 높이를 잰다)

以矩距度測遠度高

구도를 만드는 법은 단단한 나무나 동판으로 만든다. 그 방식은 평방으로 하는데, 위 부분의 갑, 을, 병, 정 네 직사각형을 그린다. 갑을 양 가장자리에 두 개의 귀를 세워 평행으로 대를 맞추고 각각 하나의 구멍을 뚫어서 통광이라 한다. 살펴보기에 편리하도록 하기 위해서다. 갑의 모서리를 구의 극으로 삼는다. 실을 이어 임의로 늘어뜨려서 임시로 그것을 눌러둔다. 그 다음, 갑에서부터 병에 이르기까지 비스듬히 하나의 선을 그어서 구의 면을 나눠 두 개의 평분을 만든다. 이에 아울러 을에서 병에 이르기까지, 병에서 정에 이르기까지 각각 가장자리 원변을 따라 선을 긋는다. 또한 2개의 평행선을 모두 희게 하고 12도를 나눈다. 그 도는 각각 가장자리의 경계로부터 구의 극을 바라보게 한다. 그것을 나누어 극에서 가까운 것은 허선을 삼고 바깥둘레로는 실선을 삼는다. 매 도마다 어떤 경우에는 3, 5, 6으로도 나누고, 또 어떤 경우에는 12에 이르기까지 나누는데, 이것은 모두 판의 본체가 크냐 작냐에 따라 나누는 것이다. 나누는 것이 세밀하면 세밀할수록 법은 더욱 조밀해진다. 사용할 때, 갑은 높고 을은 낮게 하여 눈으로 두 구멍을 쏘아서 바라보는 사물과 서로 맞춘다. 그 실이 위치하는 곳을 똑바로 보아서 무슨 도, 무슨 분인지 계산하여 추정해낸다. 만약 두 구멍을 만들지 않았다면, 다만 서로 똑같이 두 개의 작은 표를 세워서 역시 추정해낼 수 있다. 바라보는 것이 반드시 구하는 바의 사물이 구도를 세운 곳과 직각이 되도록 하여 평평함을 취해야 한다. 평평하지 않은 것이 있으면, 반드시 먼저 수평을 맞춘 연후에 측량을 해야만 한다.

그 다음으로 두 개의 햇빛 거꾸로 하여 그림자를 똑바로 한 것을 논한다면 실이 을과 병의 경계 안에 있다면 이것은 구영이다. 표를 세운 곳이 그림자가 떨어지는 곳과 맞는다면 이것은 그림자를 거꾸로 하는 것이니 실은 정과 병의 경계 안에 있고, 이것이 바로 고영이다. 만약 표를 세운 담장 위에 그림자가 담장의 면을 쏘는 것은 무릇 살펴서 헤아려 바라보는 것이 그 앞에서 물러난다. 그 실이 정확하게 갑과 병에 있도록 하여 구와 고가 평등하게 하면 구를 알 경우에 바로 고를 얻게 되고, 고를 알 경우에 바로 구를 얻게 된다. 그렇지 않은 경우에는 모름지기 장차 거구로 한 것과 똑바로 한 것을 서로 바꾸어서 추정하여 구한다. 또한 높이를 구하고 깊이를 구함에 구하는 바가 고에 있으면 곧 실을 임시로 똑바로 해서 직도에 있도록 해야 하는데, 도리어 도도에 있다면 마땅히 도를 바꾸어 직으로 해야 한다. 만약 원근을 구한다면 그 구하는 바가 구의 있을 때 권승이 마땅이 도도에 있어야 하는데 도리어 직도에 있다면 마땅이 직도를 변하여 도도를 만들어야 한다. 각각 두 도(의 끝과 서로 변하는 방법을 통하니 모두 구로서 도를 온저니 하는 것으로 표를 삼는 것이다. (적은 것은 12를 사용하고 많은 것은 144를 사용한다)

만약 실이 도영 3도에 있고, 지금 그것을 변하여, 직영의 도로 만들고자 한다면, 법은 구도로서 (144) 실을 삼고, 3도로서 법을 삼는다. 그것을 나누어 48을 얻어 직영도로 삼는다. 만약 실이 도영 5도 3분의 2에 있고, 직도를 면화시키고 싶다면 3분의 2가 있는 것으로 인하여 매도마다 3으로써 그것을 통하게 하여 17을 얻어 법으로 삼는다. 또한 3으로 그 구도를 통하게 하여 432를 얻어 실로 삼는다. 법으로써 그것을 나눠 25를 얻는다. 그 나머지 17의 7이 직도이다. 그 실이 직도에 있는데, 도도로 변화시키고자 하는 것도 이와 같이 한다.

製矩度法以堅木或銅版 其制平方上畫甲乙丙丁四直角方形 用甲乙邊立兩耳平對各通一竅名曰通光 以便窺望以甲角爲矩極系線任其垂下以權鎭之次自甲至丙斜界一線分矩面爲兩平分乃並乙至丙及並(=竝)丙至丁各依原邊線又平行二線俱勾分十二度其度各自其邊界望矩極分之近極爲線外周爲實線或每度便分三分五分六或分至十二皆隨版體大小爲分愈細則法愈密矣 用時甲昂乙低以目射兩竅與所望之物相參直視其繩之所値何度何分 以筭推之 或不設兩竅只立相等兩小表亦可凡測望必以所求物與立矩度爲直角形取平有不平者須先準平然後測量次論直倒二景直影者繩在乙丙界內卽勾影也 如立表地中影落地面者是倒影者繩在丁丙界內卽股影也 如立表牆上影射牆面者是凡有所測而望者前郤其步便其繩適在甲丙是爲勾股平知勾卽得股知股卽得勾其不然者倒直互變推求且 如求高求深所求在股卽權在直度而却在倒度則當變倒爲直 若求達求近所求在勾其權繩宣在倒度而却在直度則當變直爲倒各以通二度之窮其互變之術皆以矩全度爲準 (必者用十二多者用一百四十四) 假如在倒影三度

今欲變爲直影度者法以矩度 (一百十四) 爲實三度爲法除之得四十八爲直影度

假如繩在倒影五度三分度之二欲變直度者因有三之二每度以三通之得一十七爲法亦以二通其矩度得四百三十二爲實以法除之得二十五度餘十七分度之七爲直度也其繩在直度而欲變爲倒度者亦如之

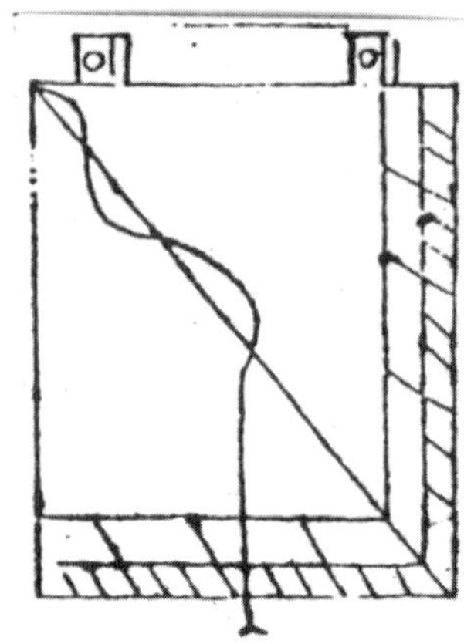

양영측고 (그림자를 헤아려 높이를 잰다)

量影測高

그림자 길이가 얼마인지 이미 알고 있을 때, 그 높이를 재려고 하는 경우, 해 그림자를 재면 곧 구도를 가지고 해를 향한다. 눈은 을에 붙이고 갑의 귀는 앞에 둔다. 햇빛이 귀의 두 구멍을 통과하게 된다. 권선과 구도는 서로 붙어서 임의로 늘어뜨려 위치하는 곳을 몇 도 몇 분인지를 살핀다. 만약 12 도의 가운데에 정대각선 병의 끝에 있다면 그림자와 사물은 반드시 서로 똑같아질 것이다. 고 그림자 얼마나 긴지를 안다면 사물의 높이가 얼마인지 얻을 수 있다.

己知影長若干欲測其高者如測日影卽以矩度向日目切于乙甲耳在前日光透于耳之兩竅權線與矩度相切任在垂下番値何度何分若在十二度之中正對角線丙際則影與物必正相等知影幾何長卽得物幾何高矣

만역 권선이 직영의 가장장리에 있다면 거변(똑바로 그림자 가장자리)에 있으면 그림자는 사물보다 작을 것이고, 직영 위에 위치한 도분을 제 일률로 삼는다. 구도 12를 이율로 삼고 사물의 그림자의 도를 삼률로 삼는다. 이율과 삼률을 서로 곱하고 한 번 나눠 얻은 것을 제 사율로 삼으니 그것이 사물의 높이다.

若權線在直影邊則影小于物以直影上所値度分爲第一率以矩度十二爲第二率以物影度爲第三率二三相乘一除之得第四率爲其物高

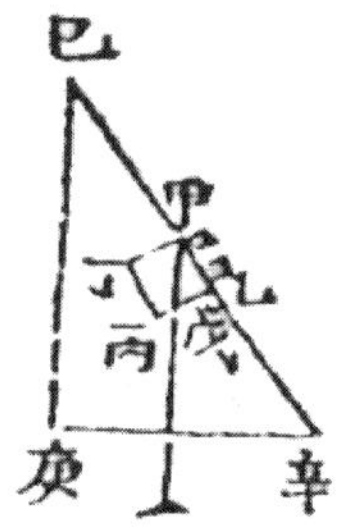

만약 기경의 높이를 재려고 할 때, 선을 직영이 을무에서 8도를 얻으면 바로 경신을 똑바로 하게 한다. 그림자 길이는 30보라면, 곧 구도 12로서 경신의 길이 30을 곱해 360을 얻어 실로 삼는다. 을무 8도를 법으로 삼아 그것을 나눠서 45를 얻는다. 즉 기경의 높이가 45보다.
만약 권선이 도영의 가장자리에 있다면 그림자는 사물보다 크다. 구도는 제 일률로 삼고 도영상에 위치한 도분(도분의 값이) 이율이 되고, 사물의 그림자의 도를 삼률로 삼아서, 그것을 계산해서 사물의 높이를 얻는다.

假如欲測己庚之高線在直影乙戊得八度正其庚辛影長三十步卽以矩度十二乘庚辛之三十得三百六十爲實以乙戊八度爲法除之得四十五卽己庚高四十五步若權線在倒影邊則影大於物以矩度爲第一率以倒影上所値度分爲二率以物影度爲三率筭之得物之高

만약 기경의 높이를 재려고 한다면, 선이 도영에 있고 정무가 $7\frac{1}{5}$도를 얻으면 경신이다. 그림자가 60보라면 정무 $7\frac{1}{5}$도를 경신의 60에 곱하여 2160을 얻어 실로 삼는다. 구도 60분으로 법을 삼아 그것을 나누어 경신의 높이가 36을 얻는다.

假如欲測己庚之高線在倒影丁戊得七度五分度之一庚辛影六十步卽以丁戊七度五之一求庚辛之六十得二千一百六十爲實以矩度六十分爲法除之得己庚之高三十六步 (因權値有零分五分度之一故以分母五通七度通依三十五分以分子一之爲三十六分其表度十二亦通作六十分)

종고측량 (높이를 따라 그림자를 잰다)

從高測影

이미 사물의 높이가 얼마인지 알고, 그 그림자를 측정하고자 한다면, 구도를 해에 이어서 도와 분으로 살핀다. 만약 권선이 병에 있다면 그림자와 사물은 같다.

若己知物高若干欲測其影者 以矩度承日番值度分若權線在丙則影與物等

권선이 직영의 가장자리에 있다면, 사물은 그 그림자보다 크다. 구도 12를 일률로 삼고, 직영의 도분을 이율로 삼고, 사물의 높이를 삼률로 삼아서 얻은 수가 그림자의 도다.

若權線在值影邊卽物大于影以矩度十二爲第一率直影度分爲第二率物高度爲第三率筭之得數爲影度

만약 권선이 도영 가장자리에 있다면 사물은 그림자보다 작다. 도영의 보변을 일률로 삼고, 구도를 이율을 삼고, 사물의 높이로 삼률을 삼아 그것을 계산해서 수를 얻어 그림자의 도를 얻는다.

若權線在倒影邊卽物小于影以倒影度分爲第一率矩度爲第二率物高度爲第三率筭之得數爲影度

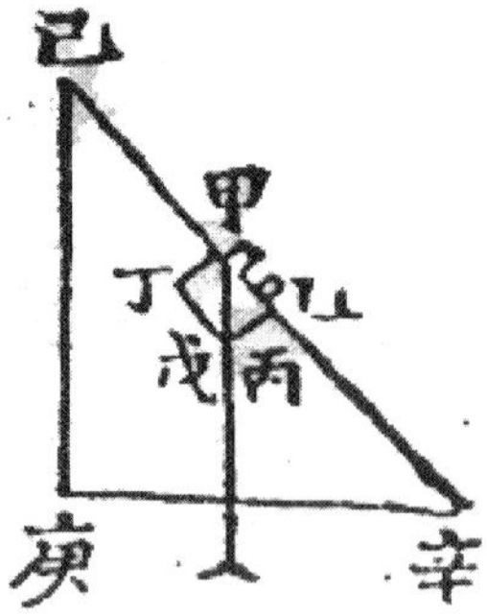
己
甲
丁
乙
戊
丙
庚
辛

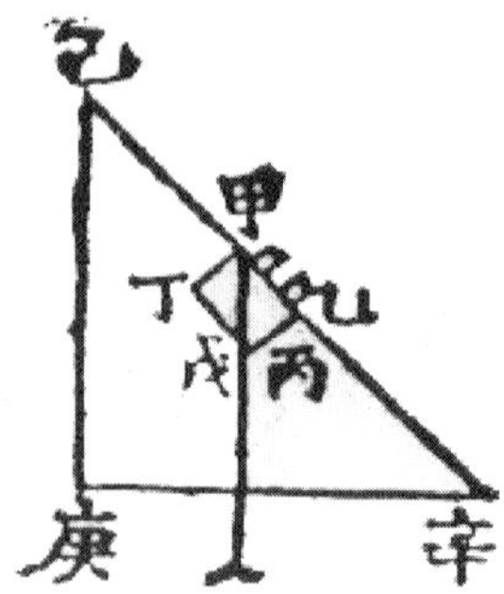
己
甲
丁
乙
戊
丙
庚
辛

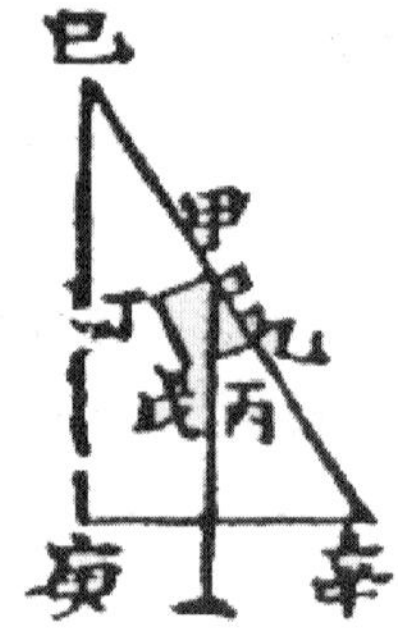
己
甲
丁
乙
戊
丙
庚
辛

이목측고 (눈으로 높이를 잰다.)

以目測高

이미 경신의 거리를 알고 기경의 높이를 재려고 하면, 사람의 눈이 신에 있어서 먼저 눈에서부터 발에 이르기까지를 먼저 재야한다.
구도는 재고자 하는 사물의 꼭대기를 향하고 갑의 귀는 앞에 두고 눈은 을의 뒤에 붙인다. 눈과 구의 귀 및 높이가 서로 똑바로 하여 권선이 어느 도분에 있는지를 자세히 살핀다.

己知庚辛之遠欲測己庚之高人目在辛先量自目至足其高幾何乃以矩度向所測物頂甲耳在前目切乙後目與矩耳及高相參直細番權線值何度分

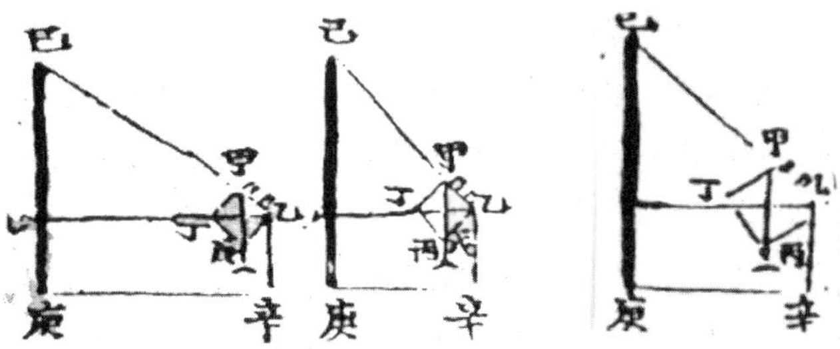

만약 권선이 직영에 있다면 을무는 을무의 도로 일률을 삼고, 구의 도로 이율을 삼고, 그 다음으로 경과 신의 거리를 헤아려서 얼마인지를 헤아려서 삼률로 삼는다. 이율과 삼률을 서로 곱하고 1로 나누어 사물의 높이를 얻는다.

假與權線在直影乙戊以乙戊度爲一率矩度爲二率次量庚矩辛之遠幾何爲第三率二三相求以一除之得物之高

만약 권선이 도영에 있다면, 정무는 구도로서 제 일률로 삼고, 정무의 도영으로 이율을 삼고, 경신으로 제 삼률을 삼고, 그것을 앞의 경우에 비추어 계산한다.

假與權線在倒影 丁戊卽以矩度爲第一率 丁戊倒影爲第二率 庚辛爲第三率照前筭之

만약 권선이 안에 있지 않고 평지에 있다면 평지에 있고 앞의 것을 제거하는 것이 가능하다. 즉 뜻을 말기면 권선에 이르는 것을 제하기 전에 병의 값을 알고 반드시 따를 필요는 없고 이미 신경을 아는 것은 곧, 기경을 아는 것이다.

若權線不在丙而有平地 可前可却卽任意前却至權線値丙而止不必推筭旣知辛庚卽知己庚

만약 사람의 눈이 신에 있고, 경의 높이를 구하려하는데, 산 물, 숲, 나무, 집 등에 의해 떨져 있거나 땅이 평지가 아니어서 경에 이르고자 하지 않거나 혹은 이를 수 없는 경우에는 2개의 직영의 차이를 사용하여 계산한다. 그 법은 앞의 방법에 의한다. 구의 구멍을 사물의 꼭대기를 향하고 권선이 직영에 있는지의 여부를 살핀다. 만약 도영에 있다면 도분을 두는 곳을 법에 의하여 변화시켜 직영으로 만든다.
다음으로 세워 놓은 신을 따라서 땅의 평평함에 의지하여 직선을 취한다. 나아가거나 물러나서 멀고 가까운 것을 임의로 한다. 계에 이르면 이로 인하여 구의 구멍을 사물의 꼭대기를 향하고 권선이 직영에 있는가의 여부를 살핀다. 만약 도영에 있다면 도분을 둔 곳을 변화시켜 직영으로 만든다. 이에 두 개의 직영에 도분이 서로 뺀 차이를 수율로 삼, 구도를 이율로 삼고, 신계의 크고 작은 구의 차이를 삼률로 삼아서 법에 의지하여 계산하여 기임의 높이를 얻는다. 또한 눈에서 발까지를 을계를 더하여 기경의 높이를 얻는다.
만약 기경의 높이를 재고자 한다면 앞의 그림과 같이 먼저 신으로부터 서서 바라보아 직영을 얻는다. 작은 을무를 고도로 삼고 계에 서서 직영을 얻는다. 큰 을무를 십도로 삼고 병 그림자의 차이를 5고로 하여 수율로 삼는다. 구도를 차율로 삼고 발까지의 거리의 차이를 헤아려서 계로부터 신까지 십보를 삼률로 삼는다. 법에 의해 계산해서 24보를 얻는다.

문에서 발에 이르는 을신 혹은 을계를 더한다.
시험 삼아 1보를 만들면 바로 기경의 25보를 알 수 있다. 뒤의 그림처럼 먼저 신에서 직영을 얻고 작은 을무를 11도로 삼아 차례로 물러나 계에 서서 도영구 도를 얻는다.
마땅히 앞의 방법과 같이 변법을 써써 큰 을무를 만든다. 직영 16도는 햇빛과의 차이 5도를 얻어서 일률로 삼고 구도를 차율로 삼는다. 다음으로 거리의 차이를 계신 12보를 헤아려서 삼률로 삼는다. 법에 의해 계산하여 48보를 얻는다,
양 직영으로 도를 나눠 서로 그것을 빼서 비교한 것이 수율이 되고 구도로서 이률이 되고 신계대소는 양 구를 비교해서 삼률이 되고 법에 의지해서 그것을 계산해서 기의 높이를 얻고 문에서 발까지를 더해서 을계의 수를 만족시켜 이경의 높이를 얻는다. 이경의 높이를 측정하고자 한다면 앞의 그림에서 먼저 신을 세워 직영을 얻고 소을무는 오도가 된다.

若人目在辛求己庚之高而爲山水林木屋舍所隔或地非平面不欲至庚或不能至者則用兩直影之較起筭其法依前以矩邊向物頂番權線在直影否如在倒影卽以所値度分依法變作直影次從所立之辛依地平取直線或前或却任意遠近至癸仍以矩竅向物頂番權線在直影否如在倒影亦以所値度分變作直影乃以兩直影度分相減之較爲首率以矩度爲二率辛癸大小兩矩之較爲三率依法筭之得己任之高又加自目至足乙癸之數得己庚之高如欲測己庚之高 如前圖先從辛立望得直影小乙戊爲五度次

물러나서 계에서 세워 직영을 얻고 대을무가 10도가 되고 병영을 비교하여 오도가 수율이 되고 구도는 차율이 되고 다음은 발의 거리를 비교하여 계를 따라 신에 이르면 십보는 삼률이 되고 법에 의지해서 계산하면 24보를 얻고 눈에서 발까지의 길이를 더해 을신 혹은 계시는 1보를 만든다. 즉 기경의 높이는 25보다.

却立于癸得直影大乙戊爲十度丙影之較五度爲首率矩度爲次率次量足距之較從癸至辛十步爲三率依法筭得二十四步加目至足之乙辛或乙癸試作一步卽知己庚之高二十五步

뒤의 그림처럼 먼저 신에서 직영을 얻으면 소을무는 11도이고 다음으로 물러서서 계에서 영구도의 값을 얻으미 앞의 변법처럼 대을무직영은 16도를 얻고 5도를 비추고 비교해서 수율이 되고 거도를 차율로 해서 계신을 비교해서 20보가 삼률이 되어 법에 의지해서 계산을 하여 48보를 얻고 눈에서 발까지 혹은 1보를 더한다. 즉, 이경의 높이는 49보다.

如後圖先于辛得直影小乙戊爲十一度次退立于癸得倒影九度當如前變法作大乙戊直影十六度得景較五度以爲首率矩度爲次率次量距之較癸辛二十步爲三率依法筭得四十八步加自目至足或一步卽知己庚之高四十九步

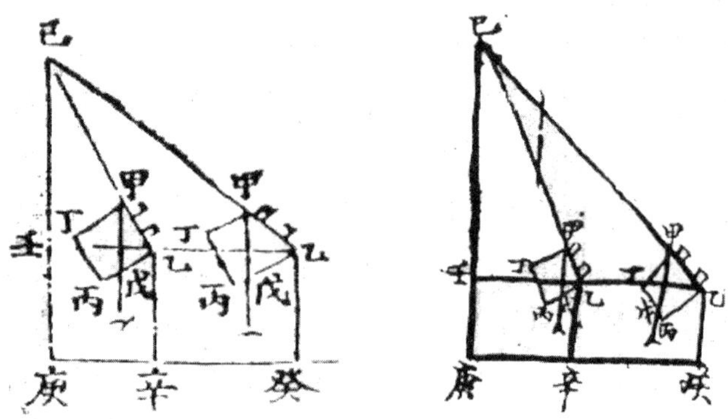

지평측원 (평지에서 거리를 잰다.)

地平測遠

기에서 이경의 거리를 측정하려면, 먼저 눈에서 발까지의 높이를 제하고, 갑기로 삼는다. 만약 아주 먼 거리를 재려면, 누대나 혹은 산 꼭대기에 서서 눈 아래로 땅의 평평한 곳에 이르는 곳을 갑기로 삼는다. 다음으로 구로 갑을 다하고 높이를 재려면 법은 앞에서 보고 구의 극인 갑의 모서리에 눈을 대고 을을 멀리 경을 향한다. 앞의 법처럼 앞으로 점점 옮겨 그곳으로 나아간다. 갑, 을, 경을 똑바로 쳐다보게 하여 권선이 어느 도분에 있는지를 자세히 살핀다.

欲于己測己庚之遠 先除自目至足之高爲甲己 若量極遠則立或山岳之上以目下至地平爲甲己測高法見前次以矩極甲角切于目以乙向遠除之庚如前法稍移就之甲乙庚相參直細番權線直何度分

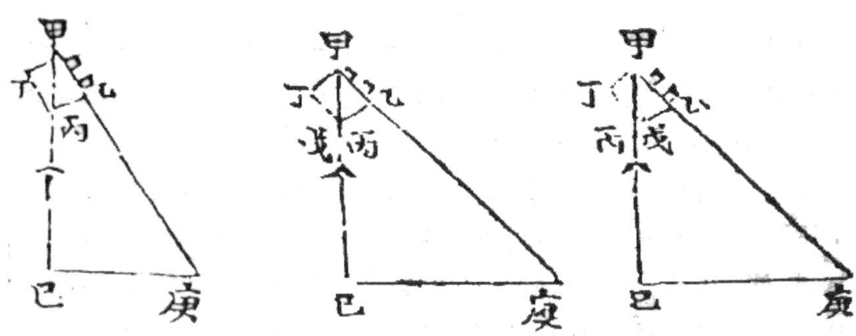

권선이 안에 있다면 높이와 거리는 같다.
권선이 을병에 직영 가장자리에 있다면, 거리의 수는 높이의 수에 미치지 못한다. 구도 12는 수율을 삼고, 직영 을병으로 이율을 삼고, 갑기는 삼률이 되고 그것을 계산해서 기경의 거리를 얻는다.
권이 정병에 있고, 도영 가장자리에 있다면 거리가 높이를 지나쳐서 도영 정병이 수율을 삼고, 구도 12가 차율이 되고, 갑기로 삼률이 되고 그것을 계산한다. 이것은 위치시킨 바 일률, 이율이 앞에 보이도록 하여 법과 교환할 수 있다. 일률에 놓으면 이률은 앞의 것을 보고 높이를 재

는 것이고 교환해서 깊이를 잴 수 있다.

如權線在丙則高與遠等
若權在乙丙直影邊卽遠數不及高數以矩度十二爲首率直影乙丙爲二率甲己爲三率筭之得己庚遠
若權在丁丙倒影邊卽遠過于高以倒影丁丙爲首率以矩度十二爲次率甲己爲三率筭之此所置一率二率視前測高之法互換云測深

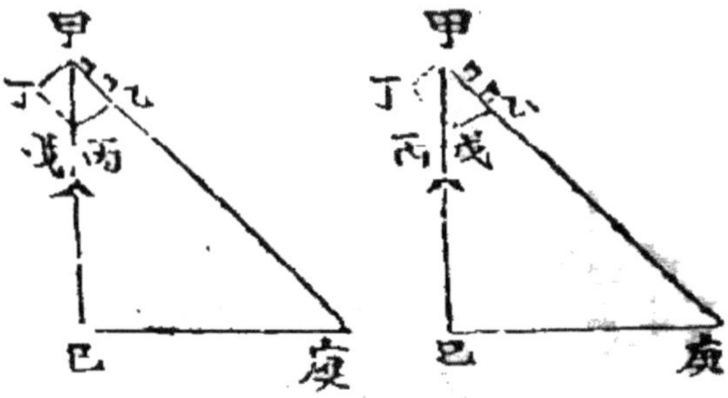

우물 위에서 깊이를 재려는 것은 우물의 입구가 간혹은 경[지름]이 이경이고 우물의 표면은 신임이 되다. 기임의 깊이를 재려고 하면 구의 끝을 갑의 모서리를 사용하여 문에 대고 길을 따라 물 끝의 신에 대면한다. 앞의 방법에 의하여 조금씩 옮겨 그곳으로 나아간다. 눈은 변과 신을 똑바른 상태에서 권선을 늘어트린다. 만약 선이 직영에 있다면 을무 3도가 수율이 되고 구도가 이율이 되고 그 다음으로 잰 기경과 우물의 입구 12척이 삼률이 되어 계산하여 48척을 얻으면 기임의 깊이가 된다.

凡從井上測深者井口或經爲己庚井面爲辛壬欲測己壬之深用矩極甲角切目以乙從己向對面求除之辛如前法稍移就之今目與窮與辛相參直垂下權線假如線在直影乙戊三度爲首率矩度爲次率次量己庚井九十二尺爲三率筭得四十八尺爲己壬之深

만역 권선이 도영 3도에 있다면 법에 의하여 직영을 만들고 48도를 얻어 구도 12를 수율로 삼고, 그곳을 변하여 직영의 도로로 만들어 이율을 삼는다. 우물 입구를 그것을 곱하고 나눈 수가 같아진다.
이상 구도를 사용하는 것이다. 구도가 없다면 거울이나 표나 자를 사용하는 여러 법이 있다. (천학초함에서 나온 것이다.)

若權線在倒影三度則依法變爲直影得四十八度而以矩度十二爲首率變得直影度爲次率井口求之歸除數同
以上用矩度者如無矩度另有用鏡用表用尺諸法　右併出天學初極

구고환원은 표를 세워 거리를 재는 것은 표로서 뒤에 작은 구가 준표가 되어 월률이 되고, 표도 큰 고가 일률이 되어 표도의 거리를 사람의 눈이 비교해서 작은 고가 성률이 되어 일로서 월을 구하고 성으로서 그것을 나눠 신률을 얻어 큰 고 역시 준제다.

勾股還原立表測遠者以表後小勾爲準表月率表度大股爲日率表度距人目之較小股爲星率以日求月以星除之得辰率大勾亦準除也

서양의 산술을 살펴보면, 성력에서 가장 긴 것은 양[무게]의 법을 재는 것이다. 구고측량의 법은 상세하다. 그러므로 내가 그 글을 수집하여 편을 지웠다. 그러나 구고법은 원래 준제로 수를 얻는 것이니 지금 준승으로 유를 나누었으니 이것은 그 잃어버린 바이다. 이러한 천학서 중에 삼일양율에 있고 이것을 준제로 놓아 그것을 계산하여 그것을 자세히 말하여 기록하면 그 수를 바꿔서 늘어놓는다. 그 의미를 잃으면 그 수를 늘어놓아 축사의 일이다. 산법에서 나머지도 역시 마찬가지다.

按四洋筭術最長於星曆其論勾股測量之法詳矣余故爲摭其文著于篇然勾股之法本以準除得數而今以準乘分率此其所失也然則天學書中三一兩率並當易置以準除筭之其數乃直者詳之記曰其數易陳也其義難知也失其義陳其數祝史之事也余於筭法亦云

살펴보면 구고의 계산은 구도로 측정하는 것인데 이것은 서양에서 나온 신법이니, 이것은 아주 묘하다 할 수 있다. 그렇지만, 그 분률을 잘 보면 준제를 사용하지 않고 준승으로 그것을 구하는 것이니, 꼼꼼하지 못한 듯하다.
구도는 갑을이 일면이고 표의 길이가 작은 고의 을무 도분처럼 표의 뒤는 작은 구의 권선 갑무와 같이 소구소의 현은 갑을로서 영도를 구하는 것처럼 표의 길이로 작은 고를 앞의 거리와 곱한다. 을무로서 용적을 나누고 뒤의 거리로서 작은 구는 넓이를 나눈다. 을무로서 기경을 구하고 갑을을 경신에 곱하여 그것의 적은 서로 같다. 그러므로 이것은 준제를 사용하고 명을 구하기 위해 준을 사용하지 않는다. 본래 이것은 연의 수인데 곧 준제 가능한 것이다, 이것은 천학에서 나온 것이다. 그 책에서 구고의 모든 법의 계산이 나와 있다.

按勾股之筭測以矩度出自西洋新法可謂八妙矣然觀其分率不用準除而以準求求之恐未精的也益矩度甲乙一面如表長小股乙戊度分如表後小勾權線甲戊如小勾股之弦斜以甲乙求影度?以表長小股乘前距也以乙戊除影積?以後距小勾除積也以乙戊求己庚之積正與甲乙乘庚辛之積相同此與章首所論橫壁二田異面而同積其理一也然則此筭當用準除不當用準求明矣且乙戊居十二度之八分則影度三十分之出於何數可以推知然則以準求影之亦通然其本然之數乃是準除何可本然之數而從亦通之法乎由此言之天學所論勾股諸法皆當換率起筭而幷行其云

구수략 (건)

2006년 5월 10일 초판 인쇄
2006년 5월 20일 초판 발행

저 자 / 완산 최석정(完山 崔錫鼎)
역 자 / 정해남 · 허 민
발행자 / 오판근
발행처 / 교우사

주 소 / 서울 동대문구 제기2동 148-19
전 화 / 925-2861, 929-4865
팩 스 / 925-2860
E-mail / kw2861 @ chollian. net
http: // www. kyowoo. co. kr
등록 / 1994. 3. 24 제6-0256호

ISBN 89-8172-594-2 (94410)
89-8172-590-X (세트)

값 **20,000**원

© 2006. Kyo Woo Sa
※ 이 책의 무단전재, 복제를 금합니다.

이 저서는 2002년 한국학술진흥재단의 지원에 의하여 연구되었음.
(KRF-2002-071-CS2001)